人文科技與生活

*Science, Technology
and Society Life*

徐武軍◎著

推薦

——序

　　在一個專家及自命「專家」充斥的時代，能寫或敢寫「人文科技與生活」這類書的人卻少之又少，但是武軍兄不但敢，而且真的寫了，拜讀後很佩服他能在不多的時間下寫出了一本對生命熱誠、對文化崇敬，卻對科技外行的現代人有用的書。

　　確實，目前的台灣號稱有高科技卻沒有享受到好的生活品質，五千年的中國文化棄之唯恐不及，而本身又培養不出真正世界化、現代化的文化，武軍兄是位熱心真誠、敢作敢為、多才多藝的有心人，他的一生夠豐富，唸的是科技，經歷過企業、工廠，在大學中擔任過教授、總務長、農場場長、……，You name it, he had it……，又很熱誠待人，任何「群體」他都可自在的參與，令人覺得他是個「好朋友」。因此我稱他為我的朋友徐武軍，他一定不會反對的。

　　我的朋友寫的這本書，範圍太廣，因此只有重點的介紹，但看過後，至少對目前的科技有初步的了解及去除「懼怕」，還有些他感興趣的主題，所以又免不了發表一些他本人的觀感及看法，常令我心有戚戚焉。

　　本人深為敬佩他的膽識，也在文中感受到他蒐集資料的辛勞及不易，希望他的一番苦心能嘉惠更多學子，並刺激一些現代只會用

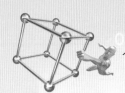

電腦、不會用自己頭腦的人開開竅。

國立台中技術學院校長

阮大年

機緣

——自 序

　　自2001年秋開始，我在阮校長大年兄所主持的學校中教授『自然科學概論』一課；對象是社會上對管理和和文科有興趣的社會人士。遂將課程的內容定位於說明科學及技術與社會及生活的關係。在數經修改之後，將授課的講義出版為本書。

　　在第一章中：說明近代科學的起源、科學的方法和科學的態度。第二章是說明工業革命的起源和影響；一方面工業革命使人類由農業社會走向了工業社會，引發了社會的全面改變，迄今未定；在另一方面工業革命也擴大了歐、美控制世界的力量；是以在第二章中對社會的變遷，以及工業化國家與發展中國家之間的關係，有所討論。在二十世紀中所發展出來對人類影響最大的兩項科技成就是核能和半導體(不包含生物科技)，第三章即是說明核能和半導體對人類生活的影響。人類之所以能生存，在於有水和空氣，第四章說明為什麼水和空氣對人類和地球是絕對必要的。第五章從不同的角度來討論能源問題。第六章則是說明環保問題。第七章則簡略說明時髦的奈米材料。第八章是討論經濟發展和環保永續發展之間的矛盾；要維持經濟成長和生活改善，資本主義是最有效的，但是資本主義是建立在擴充消費之上的；擴充消費就是要擴大使用資源，即是違背了環保的目標；我們真的在可見的未來能找到可以兩全之路？

如果不是大年兄的好意，我不會教這門課、寫這本書，是以只能再請他寫序。謹將本書獻給至愛勵君、元純和元潔。

徐武軍 謹識於

2007年

目錄

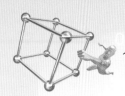

Chapter 1

從哥白尼到牛頓

——近代科學的形成

人類對自然界的觀察，以仰觀天象的歷史最久，記錄也最為完整；同時也找出了一些星球運行的規則性。哥白尼（Copernicus）根據已有的天文資訊，修正了以地球為宇宙中心的觀念，建構出更正確的行星運行軌道。伽利略（Galileo）利用新發明的望遠鏡，證實了哥白尼的理論。牛頓（Newton）在哥白尼和伽利略所作出貢獻的基礎上，用力學三定律和萬有引力，成功的說明了星球為何如此運行，而力學三定律解決了肉眼所能看見所有事物之間力和運動的問題，為近代科學的開始。本章敘述從哥白尼到牛頓的歷程，藉以說明什麼是科學（science）和科學方法（scientific method）。

1.1 托勒密的天文系統——以人為中心的宇宙

面對著大自然巨不可抗的威力和變化無常，人類為了生存而希望能找到各種天候變化中的規則性，例如：季節和氣候變化的規律，以及這些規律和日、月、星運行之間的關係；更希望能預測出災害的來臨。這是人類自古以來就有的願望，天文學也是源流最長的科學。無論是要觀測清晰可見的日、月變化，或是滿天亮晶晶的星星，都必須要能將它們在天空上定位。希臘人將天空上的恆星依

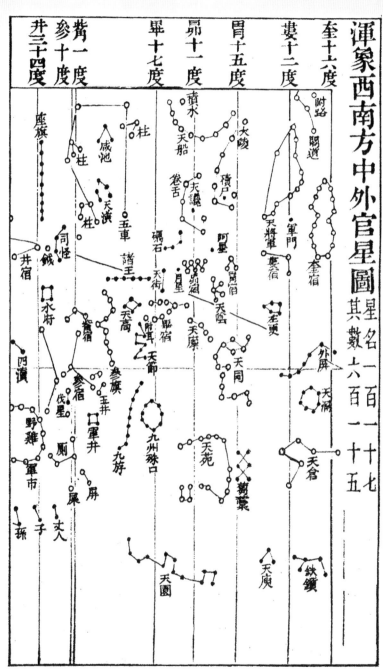

圖1-1 蘇頌《新儀象法要》中的星圖

位置區分為 88 個不同的星座（constellation），例如：射手座、大熊座、仙女座等，這 88 個星座包含了所有的恆星，和整個星空。中國人則同樣的有不同的星官，更進一步用二十八宿（紫微垣、大微垣、天市垣、角宿、元宿、亢宿……等）來標示星官的區位，北斗七星（天樞、天璇、天璣、天權、玉衡、開陽、搖光）即位於紫微垣中。［圖 1-1］是蘇頌在 1092 年於所著的《新儀象法要》中星圖的一部分。在觀察天文用的渾天儀上，有固定的環組（六合儀）和可移動的環組（四游儀）以及在西元 633 年再加上的白道、黃道和赤道三個圓環、可以直接讀出星的赤道座標、黃道座標和白道座標。除了恆星之外，尚有日、月、水星、金星、木星等行星（planet）游走於各個恆星之間。要到 18 世紀的中期，人類才開始將天空依經、緯度的方式分為赤緯（南、北向）和赤經（東、西向），用 60 進位制來分為時、分和秒，能精確的標示出星的位置。同時，以前由於觀測工具不夠精確而認為是不動的恆星，其實都是動的，屬於同一星座中的各星，彼此之間也毫無關聯。

西元 140 年托勒密（Ptolemy, Claudius Ptolemaeus），一位在亞歷山大（Alexandrin）（今埃及）的天文、數學和地理學家，根據希臘諸家的學說，發表了他的「天體論」（*Almagest, Megale syntaxis tes astronomias*），他認為地球是平的、不動的，其中包含了歐、亞、非三洲；諸行星則依照它們運行周期所需要的時間，時間短的距地球近，時間長的距離遠，由近到遠依次為月亮（Moon）、水星（Mercury）、金星（Venus）、火星（Mars），太陽（Sun）、木星（Jupiter）和土星（Satum）圍繞著地球環繞；而恆星們則是和懸掛在天上的水晶球一樣固定不動。托勒密的天體論再在西元 827 年由阿拉伯文譯為拉丁文傳入西歐。因為他的天體論頗能配合「人為萬物之靈」的身分；又合乎上帝創造地球和人的旨意；雖然早在西元

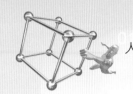

前 200 多年，希臘人Aristarchus即曾提出「地球自轉」和「繞太陽運行」的看法，但是托勒密的天體論仍是主流思想，直到西元 1543 年才被哥白尼（Copernican）在臨去世前發表了完整的「天體運行論」（*On the revolutions of the celestial spheres*）所推翻。

1.2 曆法和航海──天文的應用

哥白尼的天體運行論，歷經補正，到伽利略（Galileo）而成為定論。伽利略終於西元 1642 年，同年牛頓（Isaac Newton）出生。牛頓在天文資料的基礎上，發現了萬有引力和力學三定律，開創了力學（Mechanism）的基礎，是為現代科學的起源。在科學家們尚未能對天文學提供完整的解釋時（時至今日，天文學家們還是忙得不得了，沒有解決的問題仍是多不勝數），人類就已知的資料，發展出一些非常有用的應用技術：曆法和航海。

西方的曆法是以太陽的運行為基準，最早的是西元前 2700 年以前的埃及曆，它是以 30 天為一個月，12 個月為一年，外加 5 個節慶日，合計共每年 365 天。今日我們所用的西曆，源自西元前 46 年，由希臘天文學家 Sosigenes 所建議，而由凱撒（Julius Caesar）所頒佈的 Julian 曆法。此一曆法每三年以 365 天為一年，第四年則為 366 天，以符合每年實際是 365 又 1/4 日。

中國人的曆法以實用為目的，最早是夏朝顓頊帝曆，以今日的十月為歲首（每年的第一個月），每年為 365 又 1/4 天，以 29 又 499/940 日為一朔望月，每 19 年中設七個閏月。顓頊曆在漢武帝時作了大幅度的修正，以正月為歲首，至今共修正了七十餘次而成為今日的農民曆或陰曆。中國人自冬至開始，每隔 30 又 7/16 天為一「中氣」，名稱分別是：冬至、大寒、雨水、春分、穀雨、小滿、

夏至、大暑、處暑、秋分、霜降、小雪；合稱為十二中氣；兩個中氣之間的中間距離（距中氣 16 又 7/32 日）則為十二個「節氣」，依次是：小寒（冬至與大寒之間）、立春、驚蟄、清明、立夏、芒種、小暑、立秋、白露、寒露、立冬、大雪等十二個節氣，合起來共二十四節氣；其中冬至（西曆 12 月 22 日）和夏至（西曆 6 月 22 日）是依太陽的運行而訂。中國訂定曆法的目的是（引高平子先生的用語）：「順應天行（以月相朔望為主），制為年、月、日、時之規則（二十四節氣），以預期天象之回復，節之來臨，俾人類社會之活動如耕種、漁牧、狩獵、航行、營建、修繕一切民生日用之作息皆可納入于一定周期之中，凡事有所準備」。對農村社會而言，農民曆是有效的，中國、台灣、韓國、日本等迄今在不同程度上仍奉行不衰；而對華人社會來說，如果沒有陰曆，生辰八字都不曉得，那要如何去算命呢？

　　除了曆法，一旦有了星圖和測定星位置的工具，即可在海上為船隻計算出船隻所在的方位，再配合上地圖，即可用於航海。地中海沿岸的海運想必用到了星圖訂位。要遠洋航行到未知的遠距離，則必須要有涵蓋更廣的星圖、更精密的觀測儀器、很多的膽量，再加上幸運的福氣。觀測星辰的儀器，例如：六分儀（Sexteen）同時可以測量星座方向（東、南、西、北）和仰角，再根據星圖來決定方位。葡萄牙是歐洲第一個海上霸王，原因即是它們最早擁有類似今日六分儀的儀器。鄭和在西元 1405 年首次下南洋；哥倫布（Columbus）在西元 1498 年 8 月到達今日南美洲的委內瑞拉（Venezuela），這都是非常了不起的成就。

　　無論是計算曆法或是航海，都要用到計算，或著說是數學。今日的代數和幾何源自希臘，埃及人由於尼羅河（Nile）氾濫，淹沒沿岸土地而必須每年重劃地界，因此最早利用三角原理來作測量工

作。中國的第一部數學書是《九章》，出現在西元前 250 年，其中有關工程、測量和農業相關的題目超過二百多題，而所使用到的數學包含了代數（聯立方程式）、三角和幾何；在西元前 100 年即在計算中用到了負數。今天我們稱為阿拉伯數字的 1～9，其實是源於印度（可以考證到西元 595 年），0 則最早出現於西元 820 年。印度的這個數字系統，經由阿拉伯傳入歐洲，大大的簡化了計算的過程，是數學史上的大事。

本節中所敘述的曆法和航海，均是在人類尚無法解釋天體運行的原因之前所發展出來的應用技術（applied technology）。根據已發現天體運行的規律，即可排出曆法，用於航海，這是應用技術；而找出天體為何如此運行的原因，則是科學。

1.3 哥白尼和伽利略

托勒密天體論的缺點，對研究天文的人來說是非常顯而易見的。例如：當水星、金星和火星運行到太陽後面（相對於地球而言）時，則在地球上觀察不到它們，它們到哪裡去了？［圖 1-2］是以行星運行的軌道是不對的；也無法推測出星球交會的時間，托勒密自己有一套非常繁複的推算方式來說明星球的交會，但是仍預測不到未來的交會。更重要的是：星球的運行真的該如此複雜嗎？由上帝所創造的宇宙應該是簡單和諧而有序的，而且是可以用一以貫之的方式來說明的。

哥白尼（1473～1543）認為太陽才是宇宙的中心。行星，包括地球皆繞太陽以圓形的軌道運行。那麼為什麼會有日、夜呢？答案是：地球是圓的，而且會自轉，自轉的周期就是一天。恆星為什麼看起來不動？觀測到恆星的位置沒有變動，可能的原因有兩個：

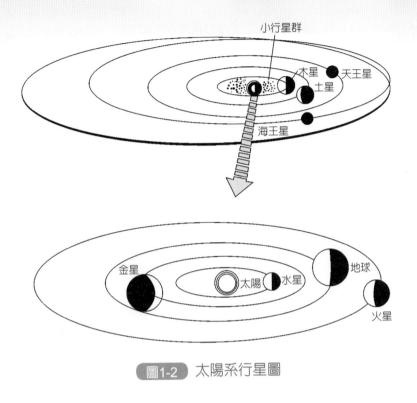

小行星群

木星　天王星

土星

海王星

金星　　　　太陽　水星　　　地球

　　　　　　　　　　　　　　　火星

圖1-2　太陽系行星圖

1. 一個原因是如托勒密所說，地球是中心，諸星皆以地球為中心，故而是不動的。

2. 另一個原因是恆星們距離地球太遠；故而我們看不到它的移動。

　　哥白尼採用了第二種可能，即是宇宙是非常大的，大到我們看不出遠方的變化。這是破天荒的思想大革命，地球從宇宙的中心變成了宇宙中細微的一點，和古聖先賢們，例如：亞里斯多德（Aristotle）的宇宙觀完全不同，嚴重的打擊到人類的尊嚴，時賢們如新教的路德（Martin, Luther）也不能接受這種想法。哥白尼只能在垂死之時，才發表了他完整的著作《天體運行論》。其影響在當時僅限於天文學界，但是今日稱之為「哥白尼革命」（Copernicus

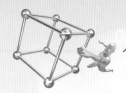

revolution），影響到科學之外的哲學、社會學等。

　　哥白尼的「天體運行論」並不是完美的理論，例如：他認為星球運行的軌道是圓的，其實是橢圓形的。同時，如果地球在自轉，當轉到另一端時，為什麼人和物沒有甩出去？這是要留待牛頓來解決的問題。

　　伽利略（1564～1642）是傑出的數學家、天文學家和物理學家，動手製作的能力極強。由於他能精確的磨製出望遠鏡片，他所製作的望遠鏡能用於精確的天文觀察。他發現銀河（milk way）是由很多星星所組成的（宇宙原來真的很大很大）；當然也證實了哥白尼是對的。身為神職人員，伽利略非常清楚教廷對哥白尼學說的態度，1616 年教廷下令禁止伽利略相關的論文在外流傳，但是教廷在 1624 年准許他討論托勒密和哥白尼而不評論對錯。約在 1632 年左右，他發表了《*Dialogue concerning the two chief world system—Ptolemaic and Copernican*》。這本書立即引起了廣泛的注意和討論，教廷於 1633 年開庭審問伽利略，並於 1633 年 6 月 21 日宣佈伽利略犯下了「相信並傳播哥白尼學說」的大罪，而判定需終身軟禁於家中。他在 1637 年失明，1642 年逝世。

　　終其一生，伽利略始終相信星球運行的軌道是圓的。和他同時的一位偉大的天文學家克卜勒（Kepler）在西元 1609 年發表了《新天文學》（*The New Astronomy*），書中有兩個至今仍為真的兩個定律，Kepler 第一定律是：「繞行太陽諸星的軌道是橢圓形的」；Kepler第二定律是：「行星在相同時間所經歷軌道和軸線之間的面積是相同的」。伽利略和克卜勒認識並討論過問題，但並未採取克卜勒的觀點。牛頓採用了克卜勒的定理。

　　除了作為一個天文學家的巨人之外，伽利略在力學上亦貢獻卓著，提出了「動者恆動」的觀念，發現了鐘擺現象，是公認

的實驗物理（experimental physic）開山老祖，還發現了天王星（Uranus）。

1.4 牛頓「因為是站在巨人的肩上，所以可以看得更遠」──近代科學的誕生

在 17 世紀時，天文是人類觀察自然現象累積最多和最久的資料，再歷經三、四千年的分析和研究，找出了有一定精確度的星圖，也找到了行星運行的周期性。

哥白尼這位巨人找出了行星正確的軌道，復經伽利略用望遠鏡來作更精密的觀測和證實。巨人的肩已堅實到可以承受另一位巨人──牛頓站在上面。

出生於 1642 年，1661 年就讀於劍橋（Cambridge）的三一學院（Trinity），1669 年發表了「*On Analysis by Infinite Series*」，兩年後補正為「*On the Method of Series and Fluxions*」，是為微積分的開始，而牛頓也就成為了歐洲最著名的數學家。自 1667 年開始，牛頓在三一學院任教，講授光學，授課的講義日後以《*Opticks*》一書出版，指出白色的日光是由不同色的光組合而得。西元 1687 年 9 月，牛頓發表他的巨著《自然哲學的數學原理》（*Mathematic Principles of Natural Philosphy*，原拉丁名：*Philosophiae naturalies principia mathematica*，簡稱為 *Principia*），書中陳述了萬有引力（Law of gravitation）和運動三定律（Law of motion）。

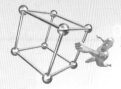

萬有引力，F，大小是：

$$F = G\frac{m_1 m_2}{d^2}$$

G：引力常數 = 6.7×10^{-11}（立方米）（公斤）$^{-1}$（秒）$^{-2}$

m_1，m_2：二物體的質量

d：物體重心之間的距離

運動三定律是：

第一定律：無力作用時，動者恆動，靜者恆靜。

　　　　　或者是：力是改變運動狀態（由靜止到動，由慢
　　　　　到快，由快到快，由動到靜止，或是改變了運動
　　　　　的方向）的原因。

第二定律：動量（monentum，質量與速度的積）變化的大
　　　　　小和方向，和施加的力成正比。或是：

　　　　　$F = ma$

　　　　　F 和 m 的意義同上

　　　　　a：加速度（accelation）即是速度隨時間的變化

第三定律：作用力和反作用力的大小相等，方向相反。

　　運動三定律和萬有引力，都是牛頓的假設。即是，牛頓在建議：如果萬有引力和運動三定律存在，則星球的運行可以如此的計算，所得到的結果如果和觀察到的軌道相吻合，則萬有引力和運動三定律是真的。

　　萬有引力解釋了為什麼月亮會繞著地球跑而沒有拋出去，也說明了人不會從地球上掉下去。

　　運動三定律界定了力和運動之間的關係。牛頓當時利用萬有引

力和三定律成功的解釋了月球和海王星運行的軌道。西元 1736 年瑞士數學家 Euler 在牛頓的運動三定律的基礎上，寫成了《力學》（*Mechanics*），是為第一本力學專書，適用範圍遍及宇宙中所有的現象，直到 19 世紀末，人類開始探尋原子內部的結構時，才需要加以修正（見本書第三章）。

　　牛頓是科學界的巨人，因為他用簡單的力和運動三定律，成功的解釋了看起來如此複雜的天文現象，同時這三個定律可以應用到一切和力與運動相關的現象上，無論是已知的，或是推算未來的，只要是和力與運動相關的問題，牛頓的三定律均是有效的。或者是說，牛頓找到了力與運動之間的普遍規律。

1.5 發展科學的歷程

　　回顧第 1.1、1.3 和 1.4 節，牛頓發現運動三定律的過程中，經歷了下列階段：

被盯上了，還不知道

1. **觀察現象，收集資訊**，例如：星球和日、月的位置和運行。在這一個階段，觀測的工具（儀器設備）是非常重要的，例如：望遠鏡的發明，將天文學推進了一大步。今日人類甚至將望遠鏡架設在太空中，來避免空氣和灰塵的干擾，而取得更精準的資訊。科學一直在進展，人為設計的實驗愈加重要，對儀器精密的要求也日益增加。重大的改進儀器設備以達到觀察未知現象的科學家們也可以拿諾貝爾獎。

   要確認所觀察到的是什麼也是高難度的工作。今天看的這顆星和昨天所看到的是相同的嗎？是以，用星座或二十八宿來將天空區分為不同的區位是一件非常了不起的貢獻，是由很多非常細心的科學家多年努力所得到的結果。同時，觀測到的現象是由意外情況所引起的，還是常態性的？在實驗工作中，一定要嚴格的界定實驗條件，一定要有再顯性（reproducibility）；還會用到統計方法來處理所取得的資訊。觀測到的現象，一定要用數字明確的表達出來，或者說一定要能量化，否則即不能作為有意義的數據。

2. **將觀察所得到的資料，歸納出規則性來**，例如：行星運行的軌道。哥白尼修正了托勒密的天體論，提出了行星環繞著太陽的正確看法，雖然哥白尼所提出的運行軌道並不正確（是橢圓而不是圓的），但提供了正確的基礎給伽利略和牛頓作進一步的發展。沒有哥白尼所建立的基礎，牛頓即無法驗證他所發展出來理論的真偽。

3. 假設這個現象會發生的原因是什麼；或者是假設造成這個現象的因素是什麼。每種因素影響的程度有多大：例如牛頓用萬有引力和運動三定律來說明行星運行的軌道。

4. 將所要研究的現象，和影響此一現象的各種因素之間的關

聯，用數學表示出來，稱之為「**數學模式**」（Mathematic Molding）。在 1.6 節中將說明為何要如此做。

5. 根據數學模式，和已知的數字資料演算，將所演算出來的**結果和觀察到的現象相應證**。如果相符，則第 3. 項的假設為真，就有了研究的結果。如果不相符，則第 3. 項的假設有問題，或是由第 2. 項所得到的結果有誤，再努力一次！這就是發展科學定律的歷程。

在今天，科學家們首先要做的第一步是找研究課題，這是一個看似簡單而實際上是非常困難的事。要熟知某一領域中的現狀之後，才有能力理解到哪些是尚未解決的問題，這些問題為什麼沒有解決？是資料不夠？還是對這個問題的了解不足？如果要解決這個問題所需要的條件有哪些？現在具備了這些條件了嗎？所以，對科學家的第一個考驗就是「**找研究題目**」。成功的科學家都具有一流尋找和界定好的研究課題的能力。

在找到研究課題之後，很多情況是先做實驗，以補充現有資料的不足，然後提出可以解決問題的假設（hypothesis）（或者是以已有的資料為基礎提出假設），例如：牛頓提出萬有引力和運動三定律；再設定數學模式來驗證這些假設的正確性。

1.6 科學和數學

伽利略說過「自然是用數學的符號所寫成的」（Book of nature is written in mathematical characters），牛頓將他的力學巨著稱為「自然哲學的數學原理」，在前一節（1.5）中提到了發展科學的過程中包含了建立數學模式這一步。科學和數學為什麼有如此密切的關聯？

面對著如此繁複多變的世界，科學家必須具有下列兩個信念，才敢有試圖解決宇宙之謎的勇氣，這兩個信念是：

1. 看起來如此雜亂的自然界之中，一定存在著簡單的規律性，如果沒有規律性，日、月、星辰和氣候變幻無常，這個世界就不可能是現在這個樣子。

2. 宇宙中的事物都是協調而不相矛盾的，否則世界上的萬物是不可能同時存在的。

簡單的說，科學家們最基本的信念就是：「整個宇宙是簡單的、協調的，是有規律性的」。

數學的內涵是協調而沒有矛盾的，它是由不多於十個設定（axiom）所建構出來的。科學家的終極目標，就是希望能找到可以將宇宙萬物俱可納入的少數幾個規律。這是科學家們最美的夢，也是必須用數學的語言來表達科學，以便將數學的架構和思維全面導入到科學之中的原因；同時，數學的演算是最合乎邏輯的推演方式。數學化後的科學，即可藉由演算而推測未來的事象。

1.7 科學與道德

科學所追求的是自然界的「真」，歸屬於「認知」的範疇；道德所要求的是人類心靈活動中的「善」，是「價值」的範疇；二者的目標和對象都不同。在現實上，科學所得到的結果，爭議性很少；而在不同道德系統上的爭議極大，例如：今日中東的情況，就有人認為是自第7世紀開始，回教與基督教之爭的延續。是否可以用科學的方法來解決宗教、道德和信仰上的爭執？

18 世紀的德國哲學家康德（Kant）將科學歸類於「智」性世界，而道德和宗教歸類於「價值」世界。即是科學可以判定事物的

真和假，但是不能判定它是對或不對。例如：科學說：質量可以轉換成能量，故而製造原子彈是可行的；但是科學判斷不出做原子彈是對或不對。是以科學、道德和宗教隸屬於不同的範疇的。

主導人類行為和信仰的是「信心」（Faith）。孔夫子對行為的最後準則是「求其心安而已」，如何做才能心安是由個人來決定的。科學無法告訴人類到底是媽祖，還是龍王在保護漁民，中國人說「心誠則靈」，宗教信仰不是科學所能決定的。

西方主導價值系統的是宗教，無論是哪一種宗教，其基本目的都是要建立一個祥和的社會，故而其基本出發點和要求，都應該是可以共通的。但是在宗教的發展過程中，無可避免的摻有民族和地域概念，是以不同宗教在細節上的要求差異性可以很大，甚至於導致排斥性。引起宗教之間爭執的原因多半是從這些細節開始，再加上政治人物的推波助瀾，就變成了原則性（matter of principle）的大事。

中國的道德觀念成型於春秋戰國時代。不同學派之間有爭執，但是火氣沒有大到要動刀槍的地步。外來的宗教也多半能在中國落地開花。在歷史上，唐朝的佛道之爭比較嚴重一點，之後對白蓮教等「邪教」的迫害是從政治而不是從宗教觀點出發的。同一間廟宇中可以從佛拜到太上老君，再加上三山國王，容眾神於一室，求財、求福、許願、還願一次搞定，方便得不得了。完全無視於在外國人的眼中，多神崇拜是落伍的象徵。

哥白尼和伽利略都遭受到西方教廷的壓制，牛頓曾在劍橋（Cambridge）成功的抵制過英皇詹姆士二世（James II）將學校天主教化的企圖。那麼科學家們是否為無神論者？

和一般人相比較，科學家們最能感受到大自然的奧祕和巧妙，他們深信這一切都不可能是由任何人所能安排得出來的，故而他們

——從哥白尼到牛頓及愛因斯坦（Einestein）等等——都深信必有一個大智大慧、全能的創世主存在，他們都是宗教虔誠的信徒。

複習和討論

複習：

試說明以下各項：

(A) 發展科學定律的過程。

(B) 哥白尼和伽利略對科學的貢獻。

(C) 牛頓對科學的貢獻。

(D) 牛頓的力學三定律。

(E) 收集科學資料所需要注意的要點。

(F) 曆法和航海與天文學的關係。

討論：

(A) 為什麼牛頓要以行星運行的軌道作為研究的對象？他有其他的選擇嗎？

(B) 牛頓為何會被稱為「現代科學之父」？

(C) 科學可以取代宗教嗎？

(D) 中國的科學發展，為何在 18 世紀之後落後於西方，原因是什麼？

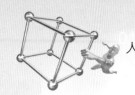

Chapter 2

產業革命

——經濟和社會結構的大變遷

　　人類所從事的行業，包含稱之為第一產業的農、牧、漁、礦和林業；以製造業為主的第二產業，和以服務第一和第二產業為目的之第三產業或服務業。在 18 世紀之前，人類的經濟活動以第一產業為主，第二和第三產業均存在，但是其重要性遠不及農業（Industry 一般譯為「工業」，在此採用含義較廣的「產業」）。

　　從 16 世紀開始的歐洲海外冒險行動，一方面帶給了歐洲鉅大的財富；另一方面也使歐洲人看到了不同的原料、市場和機會。海外冒險所帶來的利益，也同時激勵了歐洲人放棄農業社會的保守性格，而勇於作新的嘗試。嘗試的方向之一是用蒸汽機取代人力和獸力作為動力和用機械替代人工來作為生產的工具，產業革命（Industrial revolution），或工業革命即是此一嘗試的成果；它大幅度的提高了生產力（productivity），將第二產業推上到人類經濟活動中的主要地位；連帶的促進了第三產業的開展。今日被稱之為先進或已發展的國家（Developed countries），均是工業化國家；而發展中（Developing）和未開發（Under developed）國家則是指初度或尚未工業化的國家。本章的第一部分（2.1 和 2.6 節），即是說明產業革命發生的背景和過程，以及影響。

　　當經濟結構的重心由農業轉換為工業，社會的結構也隨著劇變，例如：從「安土重遷」的農村社會轉變成為高流動（high

mobility）性的工業社會，由此而創造了不少新的經濟機會；相對地，也產生了不少至今尚無法完全解決的問題。本章的第二部分即說明由產業革命所引發的社會變遷和由此所產生的問題（2.7 和 2.8 節）。

在一定的時空之中，人類所能擁有資源的總量是一定的，有人多消費一點，就一定會有人要少消費一點。在國際上，自16世紀開始，西歐諸國（繼之以美國和日本）是資源占用率高的群體，稱之為「已發展或工業化國家」，其他的國家是資源占有率少的國家，稱之為「發展中或未開發國家」。本章的第三部分是討論在產業革命前後，這些資源占用率高的國家，與占有率少的國家之間的關係變化（2.9 節）。

動力來自能源，能源問題在第五章中討論。大量使用能源所引起的環境污染問題則在第六章中處理。

2.1 產業革命的背景

近代的產業革命，是自英國的棉紡織工業開始。以下將從產業發展的四大要素：資金、原料、市場和技術四方面，來說明當時的背景。

東方和西方的貿易，在 16 世紀之前均是自產地經由陸路，由在中東的阿拉伯和波斯人轉手到歐洲。歐洲的商人非常希望能直接和東方打交道，有人說十字軍東征的真正原因就是歐洲人想要打通一條可以由歐洲人控制的通往東方之路。西元 1498 年 8 月 5 日哥倫布發現了新大陸，開始了歐洲人在海上同時向西（亞洲）和向東（美洲）探尋商機的行動。例如：葡萄牙（Portugue）早在西元 1511 年即在新加坡旁的麻六甲（Malacca）設立貿易據點以便取得印尼

（Indonesia）的胡椒。

　　歐洲的海外冒險行動，在亞洲，他們成功的取得了有利的直接貿易權，進而將亞洲的國家殖民化；在國力不強的中、南美洲，歐洲人則從當海盜開始，繼之加以殖民化。無論是做商人或者是做海盜，這都為歐洲人帶來了源源不盡的大批財富。17 世紀初，英國開始挑戰葡萄牙和西班牙的海權，納爾遜上將（Nelson）於西元 1797 年擊敗西班牙艦隊，於 1805 年 10 月 21 日消滅了法國和西班牙聯合艦隊之後，為英國取得了海上至尊的地位。是以到了 18 世紀，英國已是很富有的國家，英國的銀行為了有效的利用這些自海外取得的資金，投資（包含海外冒險行動）活動也大幅度的展開，倫敦今日仍是世界的金融和銀行中心。到了 18 世紀中、後期，英國早已有足夠的資金來支援新的嘗試，例如：蒸汽機等。

　　在工業革命之前，產於印度、製作精美的棉布是歐洲最主要的進口商品之一。棉原產於中國、印度和埃及，歐洲僅有葡萄牙曾引進過。北美於 1605 年引進種植棉花，1619 年開始引入黑奴種植棉花，而開始在今日的美國南部大量生產。是以從 17 世紀開始，英國可以自它的殖民地——美國，取得大量的棉花。這便解決了棉紡織業的原料來源問題。

　　市場呢？歐洲是現有的市場，英國海外不產棉的殖民地當然更是市場。例如：英國的東印度公司（East India Company）是由伊莉莎白女皇一世（Queen Elizabeth I）於 1600 年下令所成立的對亞洲特許（charted）貿易集團，她在西元 1611 年開始，即從印度的Mogul皇朝取得有利的貿易權，在 1708 年之前控制了馬德里（Madras）、孟買（Bombay）和加爾喀答（Calcutta），在 1751～1760 年之間，將法國人完全趕出了印度，1763 年的巴黎條約（Treaty of Paris），歐洲諸國正式承認英國在印度的主權，這些都發生在工業革命之前。當

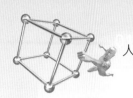

時英國主要是將棉紡織品由印度輸往歐洲，並將鴉片運到中國。在工業革命之後，英國變成了棉紡織品的出口國。但是直至 1865 年為止，英國的棉織品仍不能和印度的手工織物公平競爭，於是英國採用了行政手段，大規模燒毀了印度的手工紡紗和織布機，在實質上摧毀了印度的手工棉紡織工業，而使得印度成為了英國棉紡織品的進口地區。有如鴉片運不進中國，就開砲打進去一般。船堅砲利就是硬道理。「日不落」的英國，在 19 世紀是沒有市場問題的。

產業的發展是漸進式的，而不可能突變。在蒸汽機發明之前，和棉紡織有關的生產工具已出現了一些變革。從 18 世紀中葉至 19 世紀初，改良型的梳棉機（gin）、紡紗機（spinning machine）和紡織機（loom）都陸續問世。這些機械都是用木頭製作的，而且仍是用人力或獸力來操作。木材並不適用於製造大型機器，同時大型機械因為缺少可以使它們運行的動力，也是沒有用處的。但是在18世紀初，英國開發出用焦碳（經過乾餾後的煤）來取代木炭來生產生鐵（pig iron），並在 18 世紀中葉開發出更有效的將生鐵中所含有的碳減少，以生產熟鐵（wrought iron）的技術；生鐵太脆不能鍛造，而熟鐵可以鍛造（forging）成不同的形狀。自 18 世紀中開始有了木製的紡織機械起，至 19 世紀開始，這些機械可以用熟鐵製造而進一步大型化，棉紡織工業已具備了可以機械化大規模生產的一切條件，所缺少的是能使這些機械有效運行的動力（power），這就是蒸汽機問世前的背景。

2.2 瓦特的蒸汽機──動力革命開始了

Thomas Savrey 是第一位利用蒸汽機來推動活塞（piston）的人，時在 1698 年；英國鐵匠 Thomas Newcomen 在 1712 年將它加以

改良。用於抽取礦坑中的水。在今天我們認為瓦特（James Watt）是蒸汽引擎（steam engine）的發明人，其原因於下敘述。

參看〔圖2-1〕，圖中的實線部分是 Newcomen 的設計，水蒸氣經由閥門 1 進入汽缸，閥門 2 和閥門 6 關閉，將活塞向上推，然後打開閥門 2 和 6，冷水從閥門 2 進入汽缸，使汽缸中的水蒸氣冷凝為水經閥門 6 流出，汽缸內的壓力消失，活塞向下。這種設計有下列問題：

● 在通入冷水之後，汽缸和活塞都是冷的；再通入蒸氣時；必然要先將汽缸和活塞加溫到 100℃ 以上之後才會產生壓力。冷和熱的過程都需要時間，是以機器動得很慢。

● 將汽缸和活塞再加熱所需要的水蒸氣，不能產生壓力，對作工（推動活塞向上）來說是浪費掉的。

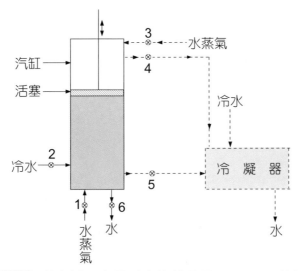

圖2-1 蒸汽機示意圖（實線部分是 Newcomen 的原型，虛線部分是瓦特的修正設計，1,2,3,4,5,6 是閥門。）

瓦特的設計是：

◎ 刪除了 Newcomen 的冷水進口 2 和水出口 6。

◎ 增加了冷凝器，冷卻蒸氣用的冷水是引到冷凝器中，而不是汽缸中。

◎ 在汽缸的兩端各設蒸氣進口一個（閥門 1 和 3），以及出氣口（閥門 4 和 5）。

操作的方法是：

1. 打開閥門 1，關閉閥門 3、4 和 5，蒸氣將活塞向上推。

2. 當活塞被上推到頂點時，關閉閥門 1，打開閥門 5。使得水蒸氣進入冷凝器冷凝為水而降低汽缸下方的壓力，然後再關閉閥門 5。同時打開閥門 3，使蒸汽由汽缸上方進入汽缸，將活塞向下推。

3. 在活塞下降到汽缸底部時，關閉閥門 3，打開閥門 4，使得蒸氣進入冷凝為水。

重複 1. 至 3. 的步驟，活塞即能連續的作上、下反覆的動作，提供動力而帶動輪子轉動。

經瓦特改良後的蒸汽機，具有下列的優點：

◎ 不需要冷卻汽缸，故而也不需要再加熱汽缸；大幅度的減短了活塞的運行周期。

◎ 活塞上、下移動都是由蒸汽機推動的，進一步縮短了活塞運行的周期。

◎ 由於不需要重複冷卻和再加熱汽缸，大大節省了蒸汽的浪費量。

瓦特的貢獻是將原來就存在的蒸汽機，改進為有實用價值的動

力來源，這種動力可以推動大型機械來為人類做工，使人類脫離了人力和獸力的侷限，能用機械來取代手工具（hand tool），大大的增進了人類的生產力。

2.3 十九世紀──百花綻放的年代

　　隨著蒸汽機的普及，19 世紀的歐洲和美國是一個百花綻放的時代，各種新興的產業都在遍地開花。例如：不同的產業需要不同的機械設備，使得機械製造業蓬勃發展。有了蒸汽機作為動力，鑽床（boring mill）、車床（lathe）、平面銑床和磨床（planing machine）逐一問世，大幅增加了製造機械的精確度，更進一步的提高了生產的速度。

　　1804 年，英國人兌比茲克（Trevithick）首先發明了火車。1814 年史蒂文生（Stephenson, George）設計了第一個實用的火車頭，到了 1850 年左右，火車已成為陸上交通運輸的主流。

　　美國人 Rumsey 和 Fitch 同年（1787）在美國建造了可供內河航行的汽船。富耳頓（Fulton, Robert）在 1803 年建造了第一艘蒸汽輪船；1838 年英籍輪船 Sirius 號和 Great Western 號完成了首度橫渡大西洋之旅。

　　第一座用鐵鍊製成的吊橋，在 1799 年由美國工程師 Finley 完成。是為第一座以鐵為主結構的橋樑。

　　1785 年，第一個完全以蒸汽為動力的紡織廠，成立於英國的 Norttinghamshire。美國的第一個動力紡織廠，在 1790 年由企業家 Slatel 和鐵匠 Wilkinson 共同設立。這兩個工廠的設立，標示著英、美兩國產業革命的正式開始。

　　美國農夫 McCormick 在 1831 年發展第一台機械收割機，他的原

型是木製、由馬來拉動的，這是農業機械化的開始。

第一個可以連續運作的發電機，是利用蒸汽作為動力，由英國人 Henry 於 1831 年所發明的。同年法拉第（Faraday, Michael）發明了電動馬達。電力作為普遍性的動力和照明，是在 19 世紀後期發明了變壓器（transfermer），使得交直流電可以互相轉換之後。

英國人 Wheatstone 和 Cook 在 1837 年首先得到電報（telegraph）的專利；同年美國人 Morse 發明了摩斯碼。美國人貝爾（Bell, Alexander Graham）在 1876 年和 1877 年取得了電話（telephone）的專利。

英國人馬克斯威爾（Maxwell, James Clerk）在 1873 年發表了關於電磁學的巨著《*A Treatise on Electricity and Magnetism*》，他在電磁學方面的貢獻，媲美於牛頓在力學方面的成就，應用範圍從發電到通訊均涵蓋在內。

英國人 Wilkinson 在 1776 年將蒸汽機的動力應用到煉鐵的鼓風爐（blast furnace）上，提高了單爐的生產量；1784 年，Cort 發明了攪動熔鐵以便易於除去生鐵中所含的碳來加速生產熟鐵的 Puddling 製程，1856 年發展出來將空氣通入熔鐵中以加速除去生鐵中所含有的碳和磷的 Bessemer（鼓風爐）製程，使得熟鐵的產量大增，生產成本大幅度下降。為了滿足對材料的要求，自 1830 年開始，不同的合金鋼逐一問世。

由於鋼鐵的需求增加，煉鋼所需要焦碳的量也加大；焦碳是由煤的乾餾（dry distillation）而得，副產品是煤焦油（coal tar），其中含有大量的芳香族（aromatic）化合物，例如：苯、酚、甲苯等。這是這些化合物第一次大量的出現，科學家們利用這些化合物作原料合成（synthesis）了染料（dye）。之前，染料都是天然產品，例如：牛仔褲的藍色染料來自一種樹液，由於印度人最早用於染色，故而稱之為 Indigo。合成染料的出現，一方面豐富了紡織品的外觀，

同時也開啟了一個新的產業——化學工業。今日的 BASF、Bayer 等國際性化學公司當時均以生產染料為目的，成立於 1855～1856 年；成立的地點是多瑙河畔、德國鋼鐵中心魯爾（Rohr）的對岸，以便就近取得原料。

天地間充滿了不同的機會，每個機會都可能會實現，這是 19 世紀歐、美洲的真實寫照。

2.4 新興行業和社會多元化

產業的機械化提升了生產力，同時也釋放出不少多餘的人力，幸而新的製造業（在第 2.3 節中所提到的僅是其中的一部分）紛紛出現，基本上可以吸收一些人力。同時，由於經濟活動的大幅度增加，對原本即存在的服務業，例如：銀行、會計、教師和律師等的需求也增加，而且分工愈細緻化，工作的機會也愈多。

在產業革命之前，歐洲只有教廷、皇室和貴族們是有錢有閒的，藝術家和音樂家都必須依附於教堂和皇室、貴族，以求得生存。產業革命創造了大量的產業家和商人，這一批人即形成了新的、有消費能力的中產階級（middle class），成為了音樂、美術和文學的消費者，拓展了市場，使得創作者具有更大的自由和空間。其結果是音樂、藝術和文學的多樣化，豐富了人類文明內容。

傳統西方的大學是傳授和研究學術的中心，一般分為神學（Theology）和哲學（Philosphy）兩部分，哲學中涵蓋了自然哲學（Natural philosophy），即是物理、化學、數學、天文學和生物學等，今日歸類為理（Science）學院的學科。實用性的學科有醫學和法學兩項，其重要性一般認為低於哲學。17 和 18 世紀科學的發展，使得自然哲學的分科細緻化，為了滿足社會的需要和學生的要求，

在 19 世紀末期，大學包含有文、理、工、農、法和醫六個學院。社
會和商（或管理）學院是 20 世紀所發展出來的。顧名思義，法學院
是修習法律的地方，將政治、經濟等科放在法學院中，意味著那是
一個單純而穩定的社會，熟悉了法律就可以處理政治、經濟、貿易
和社會上的事件，這種社會就是農業社會。產業革命所帶來的巨大
變遷，使得產業的經營和管理變得複雜而專業性，故而和商務及管
理相關的專業，需要專屬的商（或管理）學院。

在人民和政府的關係上，由於生活變得比較富裕，人民開始
想在政府的政策決議上有更多的發言權，使民主政治普及化。在
農業社會中，社會的構成份子包含了少數的統治者，例如：君王和
被統治的多數農民。統治的工作以協調統治機構的內部為主，即是
一方面要官員們能各盡其職，同時更不能發生要自立江山的事，被
統治者（以農民為主）對政府是沒有發言權的。隨著時代的變化，
這種情況在逐漸改變。以被認為是民主典範的英國為例，11 世紀
時，英皇在貴族的要求下，成立上議院（Upper House）參與政府
的決策，這是皇室要求貴族支持所必須付出的代價；之後，付稅給
政府的人組成下議院（Lower House）參政，然後逐漸擴大，直至
1921 年英國的婦女全面取得投票權。這說明了產業革命使得社會走
向民主化。這一個過程也說明了一個事實，即是要人民支持政府的
條件是人民在政治上要有發言和決定權。引起美國要獨立的導火線
是英國要在美國徵收茶葉的進口稅，但是在美國的人沒有投票權，
或者是說美國人要和英國人繳同樣的稅，但是對英國的政策沒有發
言權，這就是要獨立的理由。1776 年美國的獨立宣言（Declaration
of Independence）首次宣稱人生而平等、天賦人權（Natural Right）
是造物者給所有人類的（That all men are created equal, that they are
endowed by Creator with certain unalienable rights），這些權利是與

生俱來、無須證明（self-evident）而且不能用任何理由被剝奪的，這些權利是：生命（life）、自由（liberty）和追求幸福（pursuit of happiness）；政府的目的是要保障人民能擁有這些人權；如果政府做不到，人民就有權推翻或改變政府。美國的獨立宣言在實質上宣告了政府和人民之間是契約、而不是絕對性的關係。產業革命使得社會多元化，政府首先要明白社會不同背景的人，其願望是什麼？在這些願望中，最大的公約數在哪裡？然後再判斷要如何做才能滿足多數人的期待。

從這些變化，可以看出來在產業革命後，社會變得更多元化和專業化，對於服務業的需要增加，促使整個第三產業快速的發展，今日很多地區，第三產業提供的就業機會多於第一和第二產業。

2.5 科學與產業革命

近代科學興起於 17 世紀，那麼開始於 18 世紀末的產業革命是不是由科學的進展而引起的？細查一下 Watt 和那些設計原型紡織機械人的背景，就會發現他們是木匠、鐵匠、鐘錶匠或是維修技士之類的技術人員（technican），不太可能和大學或皇家學會（Royal Society）中的學者有任何關聯。科學家們和產業革命的開始沒有關係。運動一般是由草根開始，在擴大的時候就需要更多的參與，產業革命亦不例外。產業革命在開始之後，再不斷的引入科學的成果，擴大範圍，遍地開花。

產業革命的前後，人類用於生產的「技術」相同嗎？下面的例子可以說明這一點。回教文明之中，大馬士革（Damascus）的軍刀名揚世界，是歐洲各國爭相研究的目標之一，這些研究的成果促進了發明一系列的合金鋼，在 1830 年之後成為工業化的產品，

提高了機械設備的性能。這是產業界利用科學研究成果的開始。大馬士革的刀劍師父和金屬工業之間的區別是：在中古時代，師父們所能掌握到的，是如何做就「可能」鑄出一把好刀的粗略知識，金屬工業則建立在：如何做就「一定」能煉出品質好的鋼、鐵的技術（technology）之上。前者是在「藝術」（art）階段，沒有找到完整的生產規律性，偶爾得到的成品只能算是稀有的手工藝術品，而不是能普遍供應的商品；金屬工業則是找到了生產的規律性，可以大規模的生產供應。如果大馬士革的工匠們找到了生產「寶刀」的「技術」，即可以大量供應給阿拉伯士兵以「利刃」，則阿拉伯人極可能會征服全歐洲，今日的世界是會全然不同的。

　　真正完全由科學家主導的是化學工業，英國的珀金（Perkin, Sir William Henry）於 1856 年首先以苯氨（aniline）為原料合成出紫色染料；德國柏林大學的拜耳教授（Baeyer, Adolfvon）在有機染料和分子結構上的成就極大，他們的研究成果是合成染料工業的基礎。拜耳並得到 1906 年的化學諾貝爾獎。

　　為什麼化學工業要由學者來主導，而機械紡織工業則不一定需要呢？紡織工業所用的機械，其運作的情形是一般人都可以觀察到的，所以每一個人都可能提出要如何改進的意見。化學反應規則和變化，則不是一般人，而是受過訓練的專業人員才能觀察到，所以化學工業是由專業人才來發展。時至今日，觀察製造過程中變化需要的專業知識更深，「偶然」看到什麼現象的機率很小，研究發展工作遂由專業團隊來做了。

　　蒸汽機是將水蒸氣的熱能轉變為動能。在蒸汽機出現之前，自然界將熱能轉為動能的現象並不明顯，是以蒸汽機提供給科學家們新的研究對象。法國物理學家卡諾（Carnot, Nicolas Leonard Sadi）在 1824 年發表了「*Reflections on the Motive Power of Fire*」，是為近代

熱力學（Thermodynamics）的開始。卡諾的研究一方面提供了改進蒸汽機效率的方向，同時也開啟了研究各種不同形態的熱與功之間關係的科學。這是產業影響科學走向之一例。

技術和科學現在是相輔相成的，其共同的特性是：「客觀的態度和謹慎小心的觀察」。

2.6 生命力的解放——產業革命的原始動力

農業社會的限制非常大，中國歷史上，治、亂交替就是例子。安定的時間一長，人口就增加，土地就不能充分供應人類所需的糧食，如果再加上政治腐敗，馬上就是一場殺人千里、血流成河的亂世；在亂世之後，人口銳減，相對的每個人所能享受到的資源增加了，盛世也就再度來臨了。要打破這種惡性循環有兩種可能：一種是向外開疆闢土，增加可利用的土地；另一種是提高土地的利用價值，以供應新增加人口的需求。歐洲人向外航海探險是前者的表現，而產業革命即是要提高同一塊土地的利用價值。

侏羅紀公園（*Jurassic Park*）中有一句話：「生命會找到出路」（Life shall find way out）。

歐洲人找出路的過程如下：

1. 天文學家建構出可用的星圖。
2. 歐洲人首先是要打破阿拉伯人對東方貿易的壟斷，要在海上找出到東方的航路。哥白尼和伽利略的地球是圓的學說，使得歐洲人覺得向東繞地球半圈也可以到達東方，於是發現了北、中、南美洲。在東方，歐洲人找到了他們所需要的商品，在

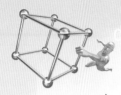

中、南美洲則直接取得大量的金銀財寶，這都給歐洲帶來了極多的財富，和大量的土地和資源。

3. 海外探險所累積的金錢，提供了產業革命所需要的資金，海外的領地提供了原料和市場。

4. 歐洲走向了產業革命之路，揮別了農業社會的宿命。

是人類生命力的解放，使得歐洲有如此輝煌的成就。生命力之所以有機會在歐洲開花，統治者的態度是一個關鍵。哥倫布發現美洲之旅，是葡萄牙皇室出的錢；英、法、荷諸國的海外行動，都是政府所支持的。

北、中、南美的原住民，是和漢族可能有一點點血源關係的印第安人，在歐洲人開始入侵 400 年後的今天，北美是歐洲人的天下，是英語系；中美洲是由歐洲人所引入黑奴的後代，是西班牙語系；南美洲是歐洲和歐印混血兒，是葡萄牙語系。

中國人不是不能吃苦、不能打拼，美國的華僑從奴工、洗衣店開始，拼出一片天；馬來西亞的華僑也是從開錫礦、採橡膠的工人開始。在印尼和菲律賓的華人集落可以追溯到元朝；1405 年鄭和率領 200 多艘長 100 公尺以上的大船和 27,000 人第一次下西洋，證明中國人遠洋航海的能力，至少比歐洲人提早 90 年。如果沒有自明成祖開始的海禁，今日的華人世界是什麼樣子？統治者的保守心態，對人類歷史影響之深遠，由此可見。

一般人認為歐洲是海洋國家，而海洋國家富進取心，中國是大陸性的國家，保守是常態。位處於陸地的國家一定是保守的嗎？中國的外敵多來自北方該如何說？大陸型的蘇聯，自 14 世紀以來，向外擴充的動作不斷，那又該如何解釋？真正的原因是統治者的自滿和無知。例如：今人常用「商人無祖國」來形容工商界的人士，從歷史上來看，商人是政府向外拓展的先鋒，政府是商人的強力後

盾,這種情形至今沒有任何改變,改變的是所用的手段,從用砲艦開打,到用總統、總理作超級銷售員。商人一定是有祖國的,商人的祖國是要為商人拼命的,說商人無祖國的統治者,是只會要求人民而忽視自己責任的獨裁者。

從歐洲歷史中,最少應該學到一個教訓,那就是統治者不可以限制人民追求幸福的權利,這個權利是明載在美國獨立宣言中的天賦人權之一。中國有一首抱怨老天不照顧百姓、不盡責的民謠:「你不會做天,你就塌了罷」,限制人民追求幸福權利的政府,你就自我了斷了吧。

2.7 我的故鄉在何方——產業革命對社會結構的影響

傳統的中國農業社會,是以血緣為根源的「家」和「家族」為基礎的,「落葉歸根」,根就是家,「衣錦還鄉」,鄉只是「家族」的擴大。由於長期以來,統治者都未善盡保護人民基本權益的責任,「家」是盛世時向外發展的基礎,在亂世時是人民最後的保障。同時也配合著這一社會制度,發展出基本的價值觀,例如:孝、悌、誠、信等;一套倫常關係,例如:男主外女主內,老大繼承祖業,老二以次出外打拼等和行為準則,例如:敦親睦鄰等。這些價值觀和行為準則,維持了社會的安定與平衡。

從農業走向工業,使得農業人口大量減少,有下列原因:

1. 在安定一段時間之後,農村會出現剩餘的人口,尤其是當農業生產的技術,例如:農具的改良和機械化,在不斷的改進時,更進一步的減少務農所需的人力。美國是世界上農產品最大的

出口國，農民人口占總人口的比例不到 4%（台灣約在 20% 左右）。

2. 由於糧食是全民都需要的，一個普遍的政策就是儘可能的壓低糧價，以維持每一個人都吃得飽的情形，或者說是「用農業貼補工業」是普遍的政策。務農只能餬口，絕對不會發財，自認「有出息」的人不大會主動投入農業。

3. 農村的生活是辛苦、單調而又缺乏變化的，不能吸引具有強烈好奇心的年輕人口。

4. 土地從農用改為工業用時，同一面積的總產值一定會大幅增加；故而無例外的，全世界所有的政府均鼓勵將農地改為工業用地。農地總面積的減少，進一步減少了農村人口。

5. 農產品的價格低，工業產品的價格高，要增加國民所得就必須發展工業，世界各國都在採取不同的手段、發揮自己的優點來發展工業。因為工業可以推動服務業（第三產業），和吸引大量的第一產業（農、牧、漁、林）的人口，在第一產業的人口減少之後，總產值即使沒有增加，但是分母變小了，個人所得也就增加了。

總結的來說，農業社會有其限制，產業革命之後所帶來的工業，正好補救了農業社會的一些缺失。從農業走向工業是人類發展過程的潮流，在此一潮流中，只有如何才能開始、加強和維持下去的問題，而沒有「要不要走工業化這條路」的問題。今天用來判斷一個國家是否可以列入已開發國家的指標就是：第二和第三產業的產值占生產總值的比例要在 80% 以上。

「世代務農」表示可以數十、百年都在同一個地方，耕種同一塊土地。在工業化的社會中，沒有一定可以做一輩子的工作，是以人民必須「逐工作而居」，而城市是工作機會多的地方，也就成為

人口集中的中心。人口向都市集中的另一個原因，是提供了生活上的方便性。服務業主要是環繞著工、商業來發展的；例如：醫療的便利性，農村是不可能和都市區域相較的。

從「我家門前有小河，後面有山坡」轉成了「我家門前有馬路，周圍是大樓」之後，人類的生活產生了相當大的變化。

首先，在農村社會中，左鄰右舍可以幫助照顧一下小孩，可以代收信件；在都市的大廈裡，大家最多見面點一個頭。小朋友們在鄉下都有一群玩伴，可以在外面跑跳玩耍，大人告訴小朋友說：「見了人要打招呼」；現在父母親說的是「千萬不要和陌生人說話，放了學以後一定要先回家，過馬路一定要小心」。農村是保守的，但是生活的環境是開放的；都市生活應該是開放的，而生活的環境反而是非常封閉的，在這兩種不同的空間裡，一般的生活規範是完全不同的；農村的行為規範看起來是完全無效的。

其次，原有的倫理關係做不到了。女主內，扶幼和奉養老人是女人的事，而現在女人也出外就業了，扶幼的內涵變成了托嬰、托兒、接送上下學和補習班、安親班；奉養長輩的事要交給養老院了。二叔要到這裡找工作，家中擠得下嗎？農村中的親子倫常關係不是不好，也不是不對，只是在都市中做不到、維持不下去。

那麼農村的價值觀念也還是對的嗎？在都市中，每一個人都感覺到「世風日下」，在都市的叢林中，哪些價值觀才會使人類生活得更安心更幸福，這是人口都市化之後，所面臨最大的問題，也是必須要面對的最大危機！

西方國家，包含在亞洲的日本在內，處理這種危機的情況是：

1. 基本的道德或是價值觀念，是經過千百年實踐所得出來的果實，是絕對要保存的文化菁華，故而他們所要做的，是如何保存並維持原有的價值觀。這一點表現在西方對宗教的堅持上；

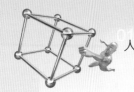

在日本和正在崛起的南韓,則表現在他們對傳統文化的尊重上。在西方世界中,只有獨裁者,例如:希特勒和史達林才會打擊教會,才會企圖改變傳統的價值觀。

2. 一般的生活是由法律來規範的;而「守法」是西方、日本以及南韓等國的普世價值之一。由於能「守法」,故而每個人都能擁有一定的空間,這個空間受到了「法」的保護。「守法」是要從統治者和執法者開始。當有緊急狀態發生時,可以採取權宜措施,例如:在二次大戰時,美國總統羅斯福不經正式選舉而連任第三屆總統,而在緊急狀態消除後,也立即恢復常態。這就是說在先進或已發展國家中,用「法治」和「守法」來補充農業社會中的日常生活規範。

3. 在工業化社會中一些不容易做到的倫常關係,則由國家的社會福利(social welfare)政策來補充(見 2.8 節),例如:育嬰、托幼、教育和養老等。社會福利能做到多少,要看國家的國力來決定。

是以對已工業化國家來說,由於工業興起所導致行為規範、倫理關係和價值觀念上的混淆是可能有解的。

新興國家則面臨很大的困境,這種困境的根源是這類國家的主政者是「革命者」或是「改革者」。革命者或是改革者崛起的背景都是要推翻或改革現有的體制,這便產生了下列的問題:

1. 革命既然是要推翻原有的體制,故而「革命者」或「改革者」必然會認為因為他們的目標是對的,因此採用任何的手段當然也都是對的,所以「為達目的,不擇手段」是常態,其間並沒有對應該是要保存下來的價值觀念作任何區分,他們在摧毀社會上原有的價值觀時,扮演了終結者的角色,導致社會秩序的混亂和不穩定。

2. 「革命」或「改革」者，在一定的程度上都自認具有「先知」
   的身分，而這種身分在「革命」或「改革」成功之後，更進一
   步得到確定。這種認定使得：

   ● 為「為達目的，不擇手段」的行為合理化而繼續延續。
   ● 在革命或改革成功之後要繼續「領導」的正當性。
   ● 「革命」或「改革」的領袖必然是萬能而不會犯錯的
   「神」。

   在正常的國家中，國民都是人，沒有人是「先知」或者是
   「神」。華盛頓在美國革命成功之後只做四年總統，邱吉爾在
   領導英國度過二次大戰之後，乖乖的下台；美國和英國並沒有
   因為二位英雄的下台而沒落。

   華盛頓只做一任總統的原因是要使英雄回歸到正常人，儘快的
   將社會從革命狀態回歸到常態。

3. 「革命」或「改革」者為了要進一步的鞏固自己「先知」的地
   位，就要推翻原有的價值觀，而建立「革命」的，或者是「改
   革」的價值觀。1952 年 6 月一位擔任教育部長的外國博士，
   在報紙上發表了一篇有關教育和道德的文章，批評宋儒不會練
   兵、理財，所以宋儒的道德觀念是似是而非的。用是否會練
   兵、理財來作為評判道德的標準，只能說是笑談，只會導致觀
   念上進一步的混淆，「改革」或「革命」者之狂妄無知由此可
   見一斑。最不幸的是這種情況仍在不停的、繼續的發生。「我
   們是多元社會」，在多元之中有沒有共同的基礎？沒有共同基
   礎的多元社會是個什麼樣的社會？美國是多元化得最徹底的國
   家，美國的共同價值基礎是：國家、平等、自由和法治。

   在 20 世紀中，由「革命」或「改革」者所建立的政權，無例

外的都會給人以亂而缺少秩序的感覺,包含一些經濟比較發達的在內。已開發(或工業化)國家和開發中國家的基本區別之一,就是前者的國民有一定的價值觀,有一定的行為規範和守法的精神;而後者則是混淆不清的。這種價值觀上的混淆,一定會延緩社會和經濟的發展。于右任先生有兩句詩:「江山代有英雄出,各苦生民數百年」,說的真是一針見血。所幸「革命」者或「改革」者都有生命上的大限,在基本是民主政治的體制下,「生命自會找到出路」,社會也終會回歸正常。只是,為什麼讓人民多痛苦那麼久呢?「革命」者也好,「改革」者也好,做個普通的老百姓吧,早點滾回家裡去,真正的造福人民吧。

2.8 社會主義的興起──產業革命的反思

在產業革命開始的時候,工廠一一建立,在工廠周圍則是聚集了大量的工人,這些工人的生活環境,長期以來是前所少見的巨型貧民區(Slum),狄更生(Dickens)在《雙城記》(*A Tale of Two Cities*)中所描述的倫敦,就是那個時代工人生活的寫照。工人在那時的薪資很低,工作的環境極差,長期要每天工作 12 個小時,女工和童工的問題極多。同時,資本家們財富累積的速度很高,他們的生活條件,相對於工人們的悲慘命運,形成了非常強烈的對比,引發了學者們的注意和同情。馬克思(Marx, Karl)是德國籍的猶太人,他在 1867 年發表《資本論》(*Das Kapital*,共四卷)的第一卷,認為資本家和勞動者分屬於不同的階級(Class),資本家是生產工具(指可以用來生財的東西,例如:生財設備、資金和土地)的所有者,勞動階級則是受僱於資本家的無產階級,這兩個階級之間存在著無可消除的矛盾(conflict),而必須用無產階級對資本家

的鬥爭來解決，直至所有的生產工具均屬於公有，資本家不再存在，那時工人階級就可以獲得公平正義的生活。為了號召勞動階級團結起來，馬克思曾組織過第一共產國際（First International），他的中、晚年均在英國倫敦窮困終生的度過。他的社會運動是不成功的；但是他的著作結構嚴謹、啟發性強，仍是經濟、哲學和社會學的經典。

馬克思主義繼承人列寧（Lenin, Vladimir Ilyich），在 1917 年的 10 月推翻了舊俄政府，建立了世界上第一個奉行共產主義的國家，列寧強調階級鬥爭的理論、方法和手段，不同於馬克思只許理論。直到 20 世紀末的七十餘年中，奉行列寧式共產主義的國家包含有：東歐、古巴、蘇聯、中國、北韓、越南等國。弔詭的是，舊俄在十月革命之前不是工人，而是農奴（serfs），是被剝削的階級；中國、北韓、越南和古巴是農業社會，和馬克思所指的資本主義社會差距極大，東歐勉強能沾到資本主義社會的邊；就是說：20 世紀奉行列寧式共產主義的國家，都沒有達到馬克思理論中必須要階級革命的標準，這就是革命者不擇手段利用「主義」的例子。這些偉大的革命成果都自 1980 年代開始呈現出嚴重的問題，而一一解體或進行大規模的改革。只有在革命完成之後，革命者全面回家的情況下，革命才真正的能達成當初所宣示的目的（例如：美國）；革命成功之後，革命者不放棄其「先知」的角色，要繼續留在統治圈子中，苦的都是人民！

在列寧式共產主義國家之外的工業化國家，社會主義（Socialism）學派的人提出了降低貧富差距和保障在經濟上居於弱勢的社會福利（social welfare）政策。這些政策大致分為兩方面，一方面是保障個人，例如：健保、公保和勞保；另一方面是由政府來取代在工業化社會中個人所負擔不了的責任，例如：免費的托嬰、

托幼、教育和養老等。這些福利制度，北歐和歐洲做得最好，而其個人的所得稅率高達 40～60%，人民肯把 40% 至 60% 的收入交給政府來統一使用，所表現出來的是人民和政府之間的互信，這是進步國家的特徵。台灣的社會福利制度顯然不夠完善。

本節一開始所提到勞工生活環境惡劣的問題，在今天看來是可以在事先加以規劃來避免。由於人口集中，都市生活的便利性具有吸引力，而人口的都市化也是不可避免的趨勢。都市生活的品質和主導規劃的構思有著密不可分的關係：門前是馬路，我能不能輕鬆、安全的過馬路？周圍有高樓，高樓之間能不能有草地可以讓小朋友在草地上打個滾？一般估計，都市的人口會達到總人口的 70% 以上。一定要關心都市計劃，一定要關心生活環境。

2.9 從殖民地到貿易夥伴——今日的國際互動關係

已工業化國家的名單包括以英、法、德為首的西歐諸國，北歐三國、美國、加拿大和日本，在歷史上這些國家被統稱為「列強」，他們和世界上其他國家之間的關係，概述如下：

1. 葡萄牙、西班牙、荷蘭、英國和法國，自 16 世紀開始向遠洋探險。在亞洲，他們找到了貿易據點；在北、中、南美洲，他們掠奪財富。

2. 17 世紀，歐洲人開始移民北美洲，自非洲輸入黑奴到中美洲種植甘蔗，北美洲種棉花。

3. 正式的將這些地方殖民化是從 18 世紀開始，對宗主國來說，殖民地是農產品的原料供應者，是宗主國工業產品的市場。

4. 美國在 19 世紀中後期，開始殖民行動，日本在 19 世紀的末期開始侵略韓國和中國。

5. 在二次世界大戰之後，殖民地紛紛獨立建國。

現在已是二次大戰之後 60 年，也進入了 WTO（World Trade Organization）時代，全世界每一個國家在 WTO 的結構下都是平等的貿易夥伴。目前這些已開發的國家和其他國家（包括我們自己）之間是什麼關係？或者是問：現在國際之間的現實是什麼？

第一個實際的狀況是，我們處於一個高度競爭的世界之中。如本章首所述，在一定的時空之中，人類所擁有的資源總額是一定的，這些資源的分配，長久以來都是不均的，北美、西歐和日本共計約 8 億人口，占世界總人口的 1/8 弱；所使用的各種資源，如石油，約占總量的 55%；其他 7/8 的人口占 45%。不僅資源的總量是一定的，工作機會的總量也是一定的，今天台商賣一雙鞋子到美國，實質上就減少了在美國本土生產一雙鞋子的工作機會。我們今天處在不停地和全世界在爭奪資源、爭奪工作機會。

其次，在這場爭奪戰中、沒有任何一個國家能做出不利於它本國國民的事，美國占全世界 1/20 的人口，用掉了全世界 1/4 的石油，法國一直在說只要美國節省一點，就可以大幅度的改善石油的供需情況，美國政府會提高汽油價格或減少供應量來節省石油嗎？當然是不可能的！現實的情況是：沒有一個國家的政府，能或敢犧牲本國的利益來降低對外的競爭。

第三，人權是普世價值，人權的概念是否有化解或緩和國與國之間競爭的可能呢？以下將以美國為例，來說明人權理念和現實之間的距離。選美國為例的原因有二：

● 第一個理由是，它是第一個將人權正式列入文件中的國家。

在諸列強之中，美國看起來是最講道理的，例如：它對殖民地（菲律賓、未成為正式一洲以前的夏威夷、關島、波多黎各等）的態度是和英、法等國不同的。它也是從八國聯軍庚子賠款中取出一部分回饋中國教育的國家。所以美國應該是列強中最講人權、最有理性的國家。

1776 年，美國正式在獨立宣言中，列出三項「天賦人權」作為一定要獨立的理由。

1. 一百年後的 1860 年，為了南方黑奴的問題，美國爆發了南北戰爭，再一百年後，黑人領袖 Martin Luther King 發表他著名的演說「*I have a dream*」，金恩博士的夢仍是黑人可以和白人在同一所學校讀書上課。所以在美國宣佈人權是普世價值後兩百多年，黑人和白人的處境仍是不同的。今日美國黑人政治地位的改善最基本的原因是黑人所占的比例增加得很快，估計在三十到五十年內會超過白種人而成為美國的多數民族，其選票的重要性日益顯現。

2. 歐洲人初在曼哈頓（Manhattan）登陸時，迎接白人的是印第安人，今天能在美國東部找到印第安人嗎？將蘇族（Sue）印第安人從墨西哥灣旁的路易士安納（Louisiana）迫遷到鳥不生蛋的奧克拉荷馬（Oklahoma）所經過的途徑，稱之為「淚之徑」（Trail of Tears）。原住民印第安人在美國仍是最弱勢的族群。

3. 911 美國枉死了兩千多人，成為了世界性的大事，伊拉克和阿富汗枉死的人遠超過 911 的百十倍。至今並不能確定阿富汗和伊拉克同 911 有何關聯，可以確定的是伊拉克和阿富汗人是死於美國人之手。這些非美國人的人權又在哪裡？

在利益之前，是看不見人權的！

　　國際上真實的情況是，我們正處於一個割喉競爭的世界中。這種情況和五十或一百年以前有什麼不同？ WTO 的成立對國際間的競爭有什麼影響？

　　不同的是，五十年以前列強們在工業上的優勢是獨占的，是沒有被挑戰的。在今天，以亞洲為例，日本的科技產品，挑戰歐美，南韓在挖日本的市場，而中國成為了世界性的生產基地。也就是說西歐和美國、日本的獨占地位在五十年間受到了嚴肅的挑戰。WTO 就是西方列強受到挑戰之後，由西方列強所主導出來的產物。

　　WTO 要求每一個國家取消所有的貿易障礙（關稅和政府補貼等），開放所有，包含金融保險等的市場。西方列強訂定這種看似平等條款的目的是要憑藉著在技術、資金、市場和管理上現有的優勢，用經濟來全力挺進到全世界每一個角落。WTO 的平等條款，有如一個訓練有素的拳擊選手對一位小朋友說：「來，我們來公平的比賽，大家都只能攻不許守，我打你一拳，也讓你打我一拳」，這位小朋友會有任何機會嗎？WTO 使得國際之間的競爭成為強者愈強，弱者永不得翻身的局面。

　　在這場競爭之中，比賽的是科技、資金、市場和生產力。資金是現有國力的強弱，市場是人口和國民收入的總和，二者必須要能達到和對手相抗衡的規模，才能發揮制衡的功能，是以德、法拋棄了歷史的恩怨而形成歐盟；中國要和東南亞國協成為夥伴，都在拉幫結黨的加強本錢來面對這前所未有的挑戰。

　　科技和生產力則是和國家的教育有密不可分的關係。1970 年代的中後期，歐洲各國已體會到在日常生活用品、零配件的生產和組裝方面的生產力上，不可能和亞洲競爭，遂提出了高等教育普及化（大、專學生占同年齡人口的比例 30% 以上）的作法，以期望用教育來提高人民的生產力，即是證明。其中以北歐三國的成就最顯

著。全球化已是不太可能改變的現狀，時值至此，首先要明白世界
的情勢，了解我們自己所處的地位，才能找到自處之道。

複習與討論

複習 ：

試說明以下各項：

(A) 產業革命；

(B) 工業革命；

(C) 動力革命；

(D) 第一、第二和第三產業；

(E) 殖民地；

(F) 人口的都市化；

(G) WTO；

(H) 生產力；

(I) 生產技術。

討論 ：

(A) 產業革命發生的背景。

(B) 產業革命對社會的影響。

(C) 您認為人的基本價值觀是什麼。

(D) 「法治」和「守法」重要嗎？為什麼？您覺得您所處的環境中「守法」的情況如何？原因是什麼？

(E) 對台灣來說，您認為在加入了 WTO 之後，對台灣是有利抑或有害？

(F) 台灣在國際競爭上，有哪些優點？有哪些劣勢？優點要如何加強？劣勢要如何補救？

(G) 舉例西方列強在國際競爭上的優勢，並予以說明。

Chapter 3

原子的結構、半導體和核能

　　自 19 世紀後期至 20 世紀初，科學家對構成我們這個世界的基本單位——原子的結構，有了一定的了解；薛丁格（Schrodinger, E）在 1926 年建立了波動力學（Wave Mechanis）的兩個基本方程式，是為量子力學（Quantum Mechanics）的開始。波動力學方程式除了可以說明原子核外電子的行為之外，也可以解釋固體中電子的行為，為自 1950 年代開始的半導體工業提供了基礎。1905 年愛因斯坦發表了四篇論文，一篇是特殊相對論（*Special Relativity*）、一篇是光電效應（*Photoelectric Effect*）、一篇是布朗運動（*Brownian Motion*）以及質能守恆（*Conservation of Mass-Energy*）定理；質能守恆是說質量和能量之總和為一定，即是質量和能量是可以相互轉換的，這就是著名的「E=mc²」公式的來源，為核能提供了理論上的基礎。

　　本章先簡略說明原子的結構，然後討論半導體對今日生活的重要性，續之以核能對人類的影響。

3.1 原子的結構

　　希臘哲人 Leucippus 於西元前 5 世紀首先將物質的最基本構成單元命名為 Atomos（不能再分割，indivisible），是為原子（atom）一詞的來源。直至二千年之後，牛頓認為原子是非常堅硬，不可再

分割、由造物者所創造的固態粒子。今天對原子的定義是：「用
化學方法不能再分離的，或者說是參與化學反應的最小單元」。對
原子的理解是從波以耳（Boyle, Robert）等人對空氣成分的研究開
始，繼之以道耳吞（Dalton, John），蓋呂薩克（Gay-Lussac）、亞
佛加厥（Avogadro, Amedeo）及很多其他化學家們的努力：1869 年
2 月 17 日，門得列夫（Mendeleyef, Dmitry Ivanovich）發表了周期表
（periodic table）。那時一共發現了63 種不同的元素（element），門
得列夫發現，依照這 63 種元素的原子量（atomic weight）來排列，
則元素的化學行為形成周期，指出了元素性質周期變化的規律性。
19 世紀的後期，科學家們發現了陰極管射線（cathod ray）現象，即
是在真空中兩個分離的電極之間會發光而且會導電，光的顏色或波
長隨著組成陰極的材料不同而改變。

　　物理學家湯普生（Thomson, J. J.），在 1897 年確定在真空中
傳導電流的是電子（electron），當不同元素用作陰極時，放射出
來電子的能量不同（光的波長或顏色不同）。這便意味著元素本身
固然是中性，但是其中含有帶負電荷的電子，那麼原子就並非不可
能再分的，其中必然含有可以平衡負電荷的正電荷存在，這些正電
荷在哪裡？自 20 世紀初開始，物理學家們開始加入原子結構的研
究工作，其中普朗克（Planck, Max）等人作出了重要的貢獻，波爾
（Bohr, Niels）在 1913 年建立了一個氫原子結構的理論模型，薛丁
格（Schrodinger, Erwin）在 1926 年發展出作為量子力學基礎的波動
方程式，可以成功的解釋原子的結構。海森堡（Heisenberg, Werner）
在 1925 年，狄拉克（Dirac, Paul Adrein Maurice）在 1926 年用不同
的數學形式來描述原子內電子的行為，但是使用薛丁格波動方程式
的人最多。

　　根據薛丁格的理論，原子的結構如下：

1. 原子是由原子核（nualeus）和電子所組成。原子的大小約為 1/10奈米（nano meter），或者是一公尺的百億分之一。

2. 原子核是由帶正電荷的質子（proton）和中性的中子（nutron）所組成，是以原子核是正電性。質子和中子的質量和數目基本上是相同的，它們的質量和，占原子質量 99.95% 以上，質子的數量決定原子的種類，或者說不同原子之間的區別是質子數量的不同；每個原子核中的質子數，稱之為原子序號（atomic number）。如果中子的數量多於質子的數量，則形成同位素（isotop），意思是說具有不同質量，但是原子序號相同的元素。原子核的體積，約占原子的 $1/10^{15}$。在原子中，原子核所占有的空間是非常非常的少，原子核之外是電子。每一個原子的外層都是電子，而電子與電子之間相互排斥而不能太接近，是以每個電子都有一定的空間。

3. 原子核之外是電子，電子的質量約為氫原子（最小的原子）的 1/2,000，所帶的電荷等於 1.6×10^{-19} 庫侖（coulomb），它的速度約為光速的 1/10（每秒鐘3萬公里）。電子的數目和原子核中的質子數相同。

4. 電子的狀態是由四個量子數（quantum number）來決定，這四個量子數是：

● 主量子數（principle quantum number）n，決定電子的能量。電子的能量以距原子核無窮遠為基準點（ground state），其值為 0。電子的能標為負值。n 的值為正數，n 愈小，能的絕對值愈大。

● 角量子數（orbital angular momentum quantum numb）l，它代表電子在軌道（orbit）中運動的角運動量，其值為 n-1，是正

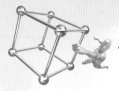

整數。

● 磁量子數（magnetic quantum number）m，是電子角運動在外磁場方向的分量。其值為 0 至 ±*l*，是整數，共有 2*l*+1 個值。

● 轉動量子數（spin quantum number）s，分別有 1/2 和 -1/2 兩個值。

由於 n，*l*，m 均為整數，電子轉動為 ±1/2，故而電子的能量是不連續的，稱之為量子化（quantanized）。如果是連續的，則n應可為任何數而不能限制為正整數。

5. 鮑利（Pauli, Wolfgang）在 1925 年發表了互斥原理（Exclusion principle），即是說在一個原子中，不能有一個以上的電子具有完全相同的 n，*l*，m 和 s。這樣便界定了原子中各電子的狀態。

〔圖3-1(A)〕是原子結構，〔圖3-1(B)〕是電子能階（bond

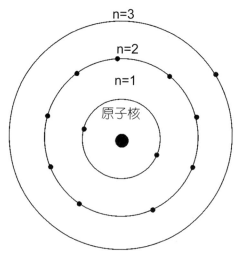

圖3-1(A) 原子結構示意圖（原子核中含有中子和質子，圖中 n=1 時共有 2 個電子，n=2 時共有8個電子，n=3 的電子有1個，是以原子核中共有 11 個質子和 11 個中子；n=1 和 2 的電子已飽和，n=3 的電子未飽和。）

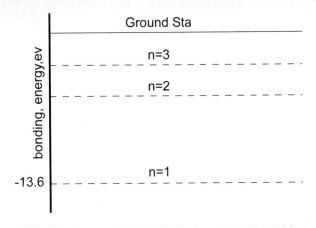

圖3-1(B) 電子的能狀態圖（ev 為能的單位）

energy）的示意圖，3-1 (A) 中 n=1 時，l=0，m=0　s 有 1/2 和 -1/2，故而共可容 2 個電子；n=2 時，l=1，m=0，1，-1，另加 s 的 1/2 和 -1/2，共可容納 8 個電子；n=1 和 n=2 中分別有 2 個和 8 個電子，故而不能再容納更多的電子，n=3 的軌道中，只有1個電子，可以再容納更多的電子。

　　參看﹝圖3-1(B)﹞，如果在 n=2 軌道中的電子，接受到額外的能，例如：光、輻射線等，而能的大小相當於 n=2 和 n=3 能階（energy level）之間的能差，在 n=2 的電子即可以從 n=2 跳到 n=3。在這種情況下，入射的能（光或輻射線）中相當於 n=2 和 n=3 能階差的一部分即被電子吸收。另一種情況是，如果 n=2 軌道中的電子少於 8 個，在 n=3 軌道中的電子即可以進入到 n=2 軌道，同時以光的形式釋放出，光的能量等於n=3 和 n=2 能階差的能量。x 光即是利用這個原理所產生的。

　　電子在原子核中的行為總結如下：

1. 電子的狀態由四個量子數 n，l，m 和 s 來決定，其中 n 是主量子數，決定電子的能量。由於 n，l，m 均是整數，s=1/2，故而電子的能量是不連續的。

2. 同一 n，l，m，s 組合只能有 1 個電子，是以每一能階（n 相同）可容納的電子數是一定的。

3. 在吸收相當於能階之間能差的能之後，電子可以從低能階跳到高能階（n 增加）。

4. 當低能階中有空出來的位置，例如：n=2 能階中的電子少於 8 個，高能階中的電子可以進入低能階（從 n=3 到 n=2），同時釋放出相當於二能階能差的能，這種能一般是光。

3.2 絕緣體、半導體和導體

將薛丁格的波動方程式應用到由原子或分子所組成的固體，其最外兩層能階如 [圖 3-2]。最外層是導電帶（conduction band），其能階是 E_c，帶中可容納電子的空位很多，電子完全可以自由移動；在導電帶中的電子傳導電流，在導電帶中如果沒有電子，則不能傳導電流。下一層是價鍵帶（valencd band），其能階是 E_v，帶中所有可以容納電子的能位都被電子占滿了，電子在價鍵帶中不能移動，故而不能傳導電流。導電帶和價鍵帶的能差（energy gap）為 $E_g=E_c-E_v$。在價鍵帶中的電子如果獲得相當於 E_g 能量，即可以跳到導電帶而傳導電流，同時因為有一個電子跳走了，所以價鍵帶中多了一個可以容納電子的空位（hole），而使得電子可以流入。在價鍵帶有空位的情況下，導電帶的電子可以進入價鍵帶，同時釋放出相當於 E_g 的能（一般是以光的形式）。

固體中不含雜質時，整體呈電中性。

導體（conductor）指傳導電流的物體，例如：銀、銅和鋁、鐵等，它們的導電帶和價鍵帶是相重疊的，即是 $E_g=0$。

半導體（semiconductor）和絕緣體（insulator）在絕對零度時，

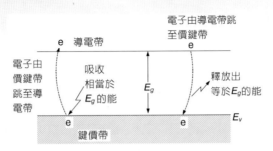

圖3-2 固體中電子狀態示意圖

導電帶中完全沒有電子，完全不能導電。溫度上升時，價鍵帶中的一部分電子獲得能量，可以跳到導電帶。半導體和絕緣體的區別在於半導體的 E_g 比較小，電子容易跳到導電帶；絕緣體的 E_g 大，電子不容易跳到導電帶；所以在室溫時，半導體微微可以導電，而絕緣體幾乎完全不能導電。溫度再升高，半導體和絕緣體的導電性都會增加；而溫度升高導體的導電性會下降，這是導體與半導體和絕緣體在性質上最顯著的不同。

3.3 半導體的世界

　　1948 年，三位在貝爾（Bell）實驗室的物理學家，Shockley、Bardeen 和 Brattain，用半導體發展出具有整流和放大功能的電晶體（transistor），開啟了半導體世界，他們三人獲得 1952 年的物理諾貝爾獎。本節將概略的說明半導體的功能和對人類生活的影響。

　　不含任何雜質的半導體，它的電子數，和可容納電子的空位是相同的，稱之為本體半導體（intransic semiconductor）。同時，如果人為的在半導體中加入其他的物質，即可以製造出電子比較多的半導體，稱之為 n 型半導體；或者是可以容納電子的空位比較多的半導體，稱之為 p 型半導體；在同一個半導體上，可以做到一部分是

n 型，一部分是 p 型，而形成 p–n 聯結（p–n junction）；不同的 p 和 n 的聯結，即可形成具有不同功能的電路。例如：p–n 聯結具有整流（rectifying）功能，稱之為二極體（diode）；p–n–p 聯結具有放大（amplification）功能；二者合在一起，即具有開關（switching）的功能。在半導體沒有實用化之前，電路中的整流和放大功能是由真空管來做的；在半導體實用化之後，即是由半導體來做。和真空管來比較，半導體具有可微型化，和需要的電流極少，以及電子傳送的速度快等優點。參看〔圖 3-2〕，額外的能，例如光，可以使得半導體價鍵帶中的電子跳進導電帶於是產生電流（圖左部）；也可以使電子由導電帶進入價鍵帶而放出光（圖右部），於是半導體具有光電效應（photoelectric）。

電腦（computer）的運算是建構在0和1的組合上，通電是 1，不通電是 0；或者有光是 1，沒有光是 0；是以半導體構成了電腦的基本線路。

電腦除了計算線路之外，還需可以貯存資訊的記憶體（memory），電腦中的記憶體一般是用磁性體（magnetic materials）做的。早一代的磁性體是一種氧化鐵，例如：錄音、影帶上那種黃褐色

算盤（算術）

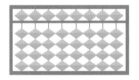

電腦（資訊）

電子電腦（數學）

的材料；如今則是稀土金屬的化合物，單位體積內的貯存量非常大（一般生活上用的光碟，則是利用染料）。

IBM 最後一代的商用真空管型電腦是 IBM650，主機所占的

空間約 80 坪，程式
和資訊是用讀卡的方
式輸入，IBM650 的
運算能力，約相當於
今日的工程用計算器
（caculator）。1959
年，Texas Instrument 公
司的 Kilby，和 Fairchild
Semiconductor公司的
Noyce在同一片矽晶上
組合出完整的電路，是
為積體電路（integrate
circuit, IC）的開始，
也是完整電路微型化的
開始。在使用微型化半
導體的 IC 之後，電腦
已微型化到桌上型和筆
記型（note book 或 lap
top），運算能力極強。
例如：要訂出國旅遊的
機票，電腦可以在非常
短的時間內，從數百家
航空公司的上萬次班機
中，找到你所需要的飛
行路線；同時，微型化
也使得利用人造衛星傳

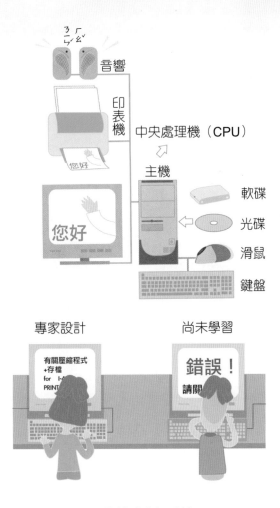

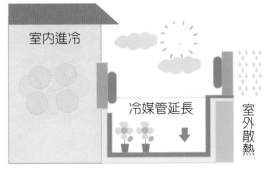

遞資迅，小至音響、洗衣機和冰箱的微處理器（microprocessor），大至於通訊、資料處理和搜尋資料，半導體在 20 世紀下半葉改變了人類生活和工作的方法，同時也使得資訊和通訊全球化。

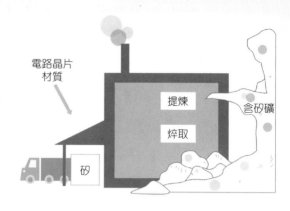

用得最多的半導體材料是矽（silicon，亦稱硅）和砷化鎵（gallium arsenide），由於溫度升高時，導電帶中的電子會增加，會打亂了原設定電子應有的數量，故而一般電子

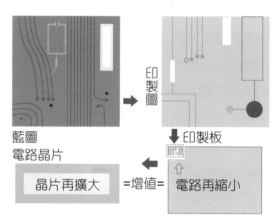

產品均有使用溫度的上限，也必須保持良好的通風情況。

3.4 核能

一般日常發生的事態，均服從質量守恆（Conservation of mass）和能量守恆（Conservation of energy）兩個原理。愛因斯坦在 1905 年的論文中提出了質能守恆（Conservation of energy and mass），指出質量和能是可以互換的（即 $E=mc^2$），在理論的研究上，如此設定可以打破原有的質和能分別屬於不同領域的藩籬，可以統合在一起來

研究。愛因斯坦提出這一項理論的時候，並沒有任何資料可以證實此一理論是對的。當對原子結構研究的資料逐漸增多的時候，發現了一個有趣的事實，即是原子核的質量要比其中所含有質子和中子質量的和要少一點點，這些不見了的質量於是就解釋為轉變成了將中子和質子結合為原子核的結合能（bond energy）；這種結合能比〔圖3-2〕電子從價鍵帶跳到導電帶所需要的能大 300 萬倍以上。

　　將各原子原子核的結合能依照原子序號排列，就會發現最高的結合能在原子量為 56（鐵）的位置，或者是說鐵的原子核是最穩定的，比鐵大的（原子量大於 56 的）原子核有核分裂（fission）為較小的原子核的趨向；而比鐵小的（原子量小於 56 的）原子核有核熔合（fussion）為較大原子核的趨向。鈾原子彈是核分裂、氫彈是核熔合的結果。核熔合更是太陽（和其他表面發熱的星球）表面上能的

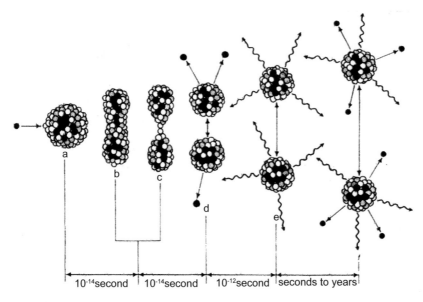

　　a　　　　　b　　　　c　　　　　d　　　　e

10⁻¹⁴second　10⁻¹⁴second　10⁻¹²second　seconds to years

圖3-3 核分裂（fission）過程示意圖（圖中黑點為中子，白點為質子，波形線是輻射線。）

來源，即是小的原子在不斷的熔合為大的原子，是以從星球表面的組成，可以判別星球演化的進程。

　　〔圖 3-3〕是核分裂過程的示意圖，自左至右，(a) 中子（黑點）打到原子核，原子核吸收中子後原子核變形，在 10^{14} 分之 1 秒中變形(b)，在 10^{14} 分之 1 秒中變形大的原子核分裂(c)，同時放出 2 至 3 個中子 (d)，在 10^{12} 分之 1 秒中裂解停止 (e)，同時釋放伽瑪射線（gamma ray），(e) 裂解產物在長時期中會再釋放出伽瑪射線和貝塔射線（bata ray），直至穩定 (f)。(f) 階段是一般所謂輻射污染。實際可運用的核能是在 (c) 至 (e) 階段。1 噸鈾 235 可釋出的最大能量，相當於 2.8×10^8 噸煤的燃燒熱（一般小於此值），如此大的能量在數十億分之一秒的時間內釋出，其威力是非常大的。核分裂可藉由鈾 235 的濃度和石墨來吸收中子等手段來控制分裂速率。

　　自然界的鈾是以鈾 238 的形態存在，原子序號為偶數的原子核，其核裂解過程非常困難而且緩慢，實用的是原子序號為奇數的鈾 235，在自然界的量非常少，故而核原料需要將鈾 235 抽取出來然後再濃縮至一定的濃度再加以利用。

　　核熔合一般是從重氫熔合為氦，每噸重氫釋放出來的能相當於 2.9×10^{10} 噸煤。重氫要處於高能（高溫、高速）狀態才能熔合為氦，是非常困難的反應，溫度要達到攝氏 1,000 萬度以上，才能使重氫活化。作為氫彈時，是用先引發鈾原子彈，產生高溫來使得重氫活化，到目前為止，控制核熔合反應的速率非常困難。

3.5 核能的和平用途

　　核裂解的速率是可以控制的，而核熔合的速率是目前無法有效率控制的（見後文），故而核能的和平用途集中於核裂解，即是使

用中、低濃度的鈾 235 裂解時所產生的熱能來發電，稱之為核電，在第五章能源中將有進一步說明。

核能可否用於交通和運輸？核電是可以推動電動火車等。至於用於水運的船，目前僅限於航空母艦和潛水艇，二者都需要能無需補給的長期運作；尤其是核能潛水艇，其噸位在 1 萬噸左右，可以潛在水下 150 天左右，即是下水之後，可以潛航到世界任何一點，是突擊的利器。核分裂裝置需要有防止輻射外洩的隔離裝置，故而費用高，商用船不採用核能。

如果要利用核熔合，其關鍵在於如何能使極少量的重氫活化到可以發生核熔合反應。嘗試的方法包含：用非常高能的 x 光去衝擊重氫、用加速器先將重氫加速然後用電漿（plasma）去衝擊等。這些方法均可引發核熔合，但是為了使重氫活化所使用的能，多於核熔合所釋放出的能，是賠錢生意，沒有可利用價值。

科學界不時傳出冷熔合（cold fussion）的消息，即是在室溫附近利用催化劑（catalyst）來引發熔合反應，只是每一次都證明是春夢一場。2005 年 5 月有關於發展出小型核熔合裝置的訊息，要點如後：焦電材料（pyroelectric）是一種在受熱後即可產生強大電場的材料，利用焦電材料所產生的強大電場將重氫離子化，利用電場使重氫離子高速撞擊重氫，如此可以產生熔合反應而且釋出中子。目前此一裝置所能產生的能量非常少，不能用為能源而只能用作中子發生器，但是這種方法比傳統方法簡化了非常多，或許有進一步發展為商業核熔合反應器的可能。2005 年中，美國、西歐、中國、日本和南韓共同聚資 100 億美元，在法國設立大型的氫熔合發電實驗室，作為新的能源。

核能的表親是同位素（isotops）和放射性材料。同位素在醫療和科學研究上具有追蹤（tracer）的功能，例如：用同位素合成藥物，

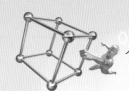

由於同位素可以放出輻射，故而可以在體外追蹤藥物在體內傳送的途徑，可以對藥效有進一步的理解。同一方法，可以用於化學反應和動、植物的研究。一般民用的放射性源，以鈷 60 為主，用於癌症的治療，殺菌等用途。

放射線對人體是有害的，人類是經過很長的時期之後才發現這一點，在醫藥的領域中，現在有專業的放射傷害科。回顧早期的科學家，他們真的是為了研究而奉獻出自己的生命。

3.6 終極武器──核彈

1942 年 12 月 2 日，義大利物理學家費米（Fermi, Enrico）在美國的芝加哥（Chicago）大學第一次引發了鈾 235 裂解的連鎖反應（chain reaction），即是 [圖 3-3(d)] 步驟中所釋放出的中子，再

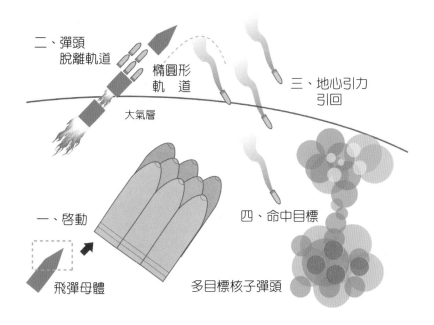

衝擊其他的鈾 235 原子，使得核裂解反應持續下去，直至鈾 235 全部裂解為止；標示人類可以利用核裂解所釋放出來的能的開始，芝加哥大學校園內立有紀念此一事的碑。德籍猶太人物理學家海森堡（Heisenbery, Werner Karl）領導美國的曼哈頓（Manhatten）計畫，率先製作出鈾原子彈，是時德國已戰敗，首批生產出來的鈾原子彈，投射在日本的廣島和長崎，全面終止了第二次世界大戰。氫彈在 1948 年製作成功，但沒有真正的使用過。

如果希特勒沒有用意識形態去整肅迫害在歐洲的猶太人，費米和海森堡就不會到美國，美國就不會是第一個發展出原子彈的國家，二次世界大戰的結果就可能完全不同。海森堡是為量子力學奠基的主要人士之一，為美國發展出原子彈，在 1940 年末期至 1950年中期的反共產主義白色恐怖中，受到非常大的衝擊。二戰之後，除了「氫彈之父」泰勒（Taylor, H. S.）博士之外，科學家們普遍的反對核武器。美國 1940 年末期至 1950 年代的反共白色恐怖，也導使在美國的中國科學家們大量返回中國，他們在中國也發展出鈾原子彈（1964）和氫彈（1967），以及可以投射原子彈的火箭（1968），在動亂之際，使得中國有機會在美、蘇兩大強權之間求得生存，此乃歷史的循環。

英國歷史學家陶英比（Toynbee, Arnold）認為核武器的出現，基本上改變了國與國之間的關係，同時也認為沒有發生核子武器戰爭的可能。他的論點是：

發生戰爭有兩個必要條件：

● 第一個條件是發起戰爭（侵略者）的一方，認為他們能自戰爭中獲利。

● 第二個條件是防禦者認為，他們的努力可以有效的保衛自己的

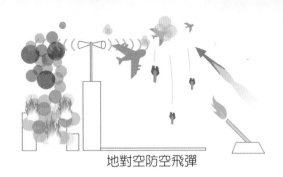

地對空防空飛彈

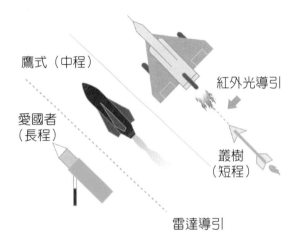

鷹式（中程）

紅外光導引

愛國者
（長程）

叢樹
（短程）

雷達導引

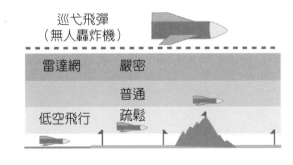

巡弋飛彈
（無人轟炸機）

雷達網	嚴密
	普通
低空飛行	疏鬆

身家財產。

由於核武器的威力非常大，加以遺留下來的輻射污染使土地難以再利用，同時也無法控制污染的範圍，是以：

● 侵略者無法自戰爭中獲利。
● 防禦者無法有效的保障自己的身家財產。

故而核武器使得核戰爭成為不可能。陶英比教授稱核武器為終極（terminative）武器。911 事件中，美國的核電廠不是被攻擊的目標。

循著陶英比教授的思路，兩個國力全不相稱的國家，弱小的國家只要擁有核彈和投放核彈的能力，就可以和大國在一定程度上平起平坐。是以若干小國如北韓，一定要發展核武器和火箭；並不富裕的印度和巴基斯坦在拼了老命的生產原子彈和長程火箭，目的是求得平衡而不被強者吃掉。核彈成為了沒有人敢真正使用的身分象徵。

3.7 誰主浮沉——今日的軍備競賽

核武戰爭的毀滅性太大，所產生的輻射污染影響的面積亦很大，因為無人可以真的自核子戰爭中得到好處，所以發生核子戰爭的機率非常非常的小。核武真正的功能是阻嚇，「你不要把我惹火了，要不然我就玉石俱焚的來給你一下」。沿著這個思考方向，已擁有核武的國家在下列各方面仍在不斷的研發，希望能做到「我打得到你，但是你打不到我」。

首先是要將核武器小型化，以方便投射，例如：原子彈可以用

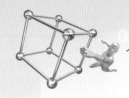

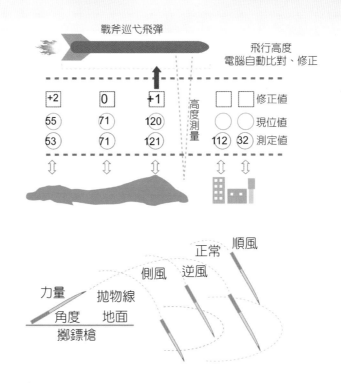

10 吋（25 公分）口徑的野戰砲來發射，即是原子彈的總重量要在
300 公斤左右或以下。

其次是投射載具的改善；目的是要能不被人察覺、敵人無法防
禦，和高準確度。除了飛彈的射程之外，著地的方式也從拋物線變
更為垂直著地，從預先設定目標的座標到可以在發射之後作修正，
投射的方法包括了可以同時打擊不同的目標多彈頭飛彈，以及緊貼
地面成水面飛行的巡弋飛彈等。

核武器雖然不能真正使用，但是仗還是要打。越戰時沿用的是
第二次世界大戰或韓戰的經驗，在戰車和飛機的攻擊力上有長足的
進步，基本思維是如果在一定的土地面積上使用了足夠的火藥，就
可以消滅在該土地上所有的敵人，中南半島上目前仍遺留了不少在
空中清晰可見的炸彈孔。但是這一套想法並沒有打贏越戰。美國在

1990 年伊拉克所展示的是可以非常精確擊中目標的武器，此一發展目前是世界武器發展的主流。

飛彈攻擊能不能防禦？在實戰中經驗最多的是對空飛彈，在一定的情況下，是可以採用誤導等方式來避過飛彈。對大型飛彈來說，防禦成功的機率不高。美國目前在發展中的飛彈防禦系統，不經實戰，是不會有真正的答案的。防禦一般是針對攻擊的方法來設計的；攻擊方法一改變，防禦的方法也要改變，針對防禦方法的更新，又會有新的攻擊方法，這是武器競爭的根源。愈玩，費用就愈多。美國的雷根總統即是用武器競爭，拖垮了俄國的經濟，導致蘇聯瓦解。二次大戰後，日本和德國能快速復興的主要原因之一，就是將軍事方面的支出儘量減少，所有的財力全部投入建設；日本和德國之所以能減少軍費支出，是在軍事上依附美國；所付出的代價是在軍事和外交上全面向美國靠攏；同時，萬一美國和其他國家發生武力衝突，德國和日本一定也要和美國站在同一陣線承擔後果。

要做世界級的大老，除了擁有核子武器，尚需要具備下列條件：

- 有核子潛艇，除了可以突擊之外，尚可擁有報復能力，即是在受到攻擊之後採取報復行動。
- 核子動能的航空母艦戰鬥群，以便用武力來照顧離家門口很遠的事。
- 在空中有 15 個以上的人造偵察衛星，以了解發生在全世界每一角落的事。
- 具有強大的資訊處理能力。

符合上列條件無疑的只有美國，美國也是具有最多實戰經驗的國家。前列第四點的資訊處理能力是比較不明顯易見的；除了 Linux

等系統之外，所有的電腦操作軟體均是 Made in USA；近三年來，歐洲和中國政府機構所用的軟體均有將微軟（Microsoft）排除在外的趨勢，原因之一是對微軟軟體中是否藏有可被美國政府打開密碼取得資訊的隱碼在內的疑慮。自二次世界大戰之後，美國的研發能力領先世界，再加上國力超強，實戰的經驗比誰都多，在三、五十年內，不太可能有其他的國家具有挑戰美國的能力。

複習與討論

試說明以下各項：

(A) 原子結構；

(B) 導體、半導體和絕緣體的區別；

(C) 光電現象；

(D) 構成電路的要件；

(E) IC；

(F) 核分裂；

(G) 核熔合。

(A) 描述您所感受到半導體對生活的影響，您的期盼是什麼？

(B) 人類是否應該要利用核能？用在哪些方面？

(C) 您對美國現在領導世界的方式滿意嗎？更基本的，世界上是否一定要有領導國？作為一個小的國家，我們要如何自處？或者說，我們要如何做，才能完全配合美國的國家利益？

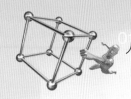

空氣、水和氣象

　　地球和其他太陽系行星的主要區別是：地球上有水和空氣，而其他的金、木、水、火、土諸星上沒有。水和空氣是地球上所有生命的源泉。在本章中將說明空氣和水在地球上的情況，以及重要性；然後再說明二者與氣候之間的關係。與環境保護相關的問題將在第六章中討論。

4.1 物質的三態和氣壓

　　日常接觸到的物質例如水，是以氣態（蒸氣）、液態（水）和固態（冰）三種型態存在。為什麼同樣的水分子會有不同的形態？水分子本身有動能（kinetic energy），其大小和溫度成正比，溫度愈高，分子的動能也愈高，動能表現為分子運動的速度；同時分子和分子之間有作用力，這種作用力是分子與分子之間的吸引力，可以將分子結合在一起。當溫度低的時候，分子之間的作用力遠大於分子的動能，是以分子被分子之間的作用力緊緊的結合在一起而形成固態（solid）。固態有一定的形狀和體積；溫度上升，分子的動能增加，當溫度達到熔點（melting point），而分子又能獲得相當於凝固熱（melting heat）的能量，分子的動能即增加到無法維持一定的形狀，但是仍具有一定的體積，是為液態（liquid）；溫度再增加至沸點（boiling point），分子又再多獲得相當於汽化熱（vaporization

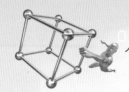

heat）的能量，動能再增加，以至於無法維持一定的體積，而成為單獨的分子，是為氣態（gas）。

由固態變為液態，需要凝固熱，由液態變為氣態，需要汽化熱；二者均需要額外的能量，或者說二者均是吸熱過程。凝固熱和汽化熱稱之為潛熱（latent heat），意思是說，同樣是在 0℃ 的水和冰，其能量是不同的，水比冰多了相當於凝固熱的能量；同樣的 100℃ 的水和水蒸氣的能量相差了汽化熱的能量；潛熱是不能用溫度來表示的潛在能量。相反的，由水蒸氣凝結為水和從水變成冰，會放出熱量，稱之為放熱過程。潛熱比一般提升溫度所需要的熱量高很多，例如：使 1 公克水溫升高攝氏1度所需要的熱量是 1 卡（calorie），凝固熱是每公克 80 卡，汽化熱是每公克 560 卡。使 1 公克物質溫度升高 1℃ 所需要的熱量稱之為比熱（specific heat），水的比熱是 1，比砂石泥土高 10 倍以上。在接受同樣的熱量時，比熱大物質的溫度升高得少，比熱小物質的溫度升得比較多。例如：夏天赤足走在戶外，水泥地燙得不得了，含水的泥土就好多了，把腳放在水池中，那就太涼爽了。

水的潛熱和比熱都是物質中最高的。

是不是一定要達到物質的沸點才會開始氣化？答案是否定的，在任何溫度下，分子的總能量都不是完全相同的，而是有的比較高，有的比較低，所以即使是在攝氏 0 度，也有一部分水分子的能量達到了可以變成水蒸氣的程度，水蒸氣仍是存在的；溫度愈高，達到可以氣化分子的數量愈多，空氣中的水蒸氣含量也就愈多。

氣壓（pressure），顧名思義就是氣體所施加於周遭的力，這種力的來源是氣體分子衝擊的力量，所以壓力的大小是和：在一定體積內氣體分子的數量成正比，**數量愈多，衝擊的次數愈多，壓力也就愈大**；同時也和溫度成正比，溫度愈高，分子運動的速度愈快，

衝擊的力量愈強，壓力也愈大。1 大氣壓是在海平面、1 平方公分面積上空氣的總重量，平均相當於 760mm 水銀的重量，或是 10.3 公斤，又稱之為巴（bar）。低氣壓一般是指溫度比較高的空氣，單位體積內空氣的分子數比較少；高氣壓是指溫度比較低的空氣，單位體積內空氣的分子數比較多。高壓地區趨向於將分子流向分子比較小的地區，是以風的方向是由高壓流向低壓。

4.2 地球的保護者——空氣

環繞在地球外的大氣層（atmosphere）總質量約 5.5×10^{15} 噸，占地球總質量約百萬分之一。它們的來源可分為四類：第一類是和地球表面上的沉積物和礦物交換循環；第二類是和地球上的生物圈交換循環；第三類是地球成型時遺留下來的；第四類是由人類活動而來的；〔表 4-1〕是目前大氣組成表。

表4-1 地表面大氣組成表

名稱	含量，體積%	說明
氮，N_2	78.8	含量基本不變。沉積物循環周期 4 億年，生物圈循環周期 100 萬年。
氧，O_2	20.95	含量基本不變。生物圈循環周期 6,000 年。
氬，Ar	0.93	地球形成時遺留。
二氧化碳，CO_2	0.035	生物循環，周期 10 年，各地域濃度不同。
水，H_2O	1～3	與地面水循環，各地區濃度同。
氖，Ne；氦，He 等惰性氣體	微量	同氬。

名稱	含量，體積%	說明
甲烷，CH_4；氮化合物如氧化氮 N_2O，二氧化碳 NO_2；碳氟化合物。	微量	與 CO 合稱之為溫室氣體（green house Gas）。各地含量不同。
臭氧，O_3	微量	存在於大氣層的上部。

　　[圖 4-1]是依特性將大氣層分為四區。大氣壓隨高度下降，例如：5,000 公尺的氣壓約為海平面氣壓的 53%。溫度亦隨高度增加而下降，一般每升高 500 公尺，氣溫下降攝氏 1.7 度（濕空氣）至 1.9 度（乾空氣）。大氣中的各類分子，如果運動的速度達到每秒 11.3 公里（每小時 40,680 公里）時，即能脫離地球的地心引力而進入到外太空，目前大氣層的成分是穩定的，其中二氧化碳及其他溫室氣體的濃度，則受到人類活動的影響。大氣層四區的特性如下：

1. **對流層**（troposphere）中含有大氣總質量的 75% 和 90% 的水。對流（convection）的意思是上、下方向的移動，意味著在對流層中空氣主要是上下移動的，對地表上氣象的影響最大。實際上，10 公里以上空氣的對流行為相對弱很多，故而飛機的飛行

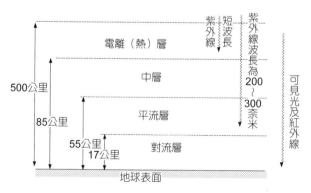

圖4-1 大氣分層示意圖（圖右部的線代表不同波長的光波所達到的地區。高度由數字標示。）

高度一般是 1 萬公尺或更高一點，以使得飛機能不受對流的影響而平穩的飛行。在對流層中，溫度和壓力都隨高度的增加而下降，在對流層的頂部，溫度約為攝氏零下 55 度，壓力相當於 1/100 大氣壓。

2. 平流層（stratosphere）中大氣運行的方向是和地球表面平行的，大氣中的主成分是氧氣。參看〔圖 4-1〕，波長在 200 至 300 奈米的紫外線在這一層中被吸收。溫度隨高度增加而上升，在平流層的頂端溫度約為攝氏零下 2 度。

3. 中層（mesosphere）溫度隨高度增加而下降，最低可達攝氏零下 92 度。氣中的主成分是氧和氧化氮的離子（ion），上下對流活動很強烈。

4. 電離（熱）層（thermosphere），大氣中分子數非常少，受到外來紫外線和輻射線的影響，成分全部是氧和氧化氮的離子，溫度隨高度增加而上升，最高可到攝氏 1,200 度。參看〔圖 4-1〕，波長最短的紫外線在這一層被吸收。波長愈短，能量愈大、穿透力也愈強。

假如地球的外層沒有大氣，外太空的碎片就可以直接衝擊到地面上傷人毀物，使得人類不得安寧。大氣層使得外太空來的碎片因摩擦生熱變成美麗的流星消失。

地球上的能量，17% 來自太陽的直接照射地面，15% 是太陽能被雲層吸收後再輻射到地面，而 68% 則是來自大氣層中溫室氣體在吸收地面向外的輻射能之後，再輻射回地面的。地球表面的平均溫度是攝氏 16 度，而宇宙的平均溫度是攝氏零下 270 度，所以地球不停的在以紅外線的形式向外散熱。如果地球外層沒有大氣層，自然也就沒有溫室氣體，地球損失的能量就會加多，地球表面上的平均溫度會比現在低攝氏 40 度。

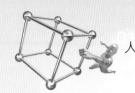

如果地球的外層沒有大氣層，那麼所有的紫外線都會直接照射到地面，導致癌症患者的比例會大幅度的增加。

所以，大氣是地球的保護者。

4.3 溫度的平衡者──水

地球的表面上，71% 是海洋，平均深度是 3,795 公尺；29% 是陸地，平均高度是 840 公尺；如果將陸地全部削平，則地球的表面上全是海洋，平均深度是 2,686 公尺；這或可說明地球上有多少水。這些水分別存在於：

海洋和南北極：97.957%

冰河：1.641%

地下水：0.365%

河川湖泊：0.036%

大氣中：0.001%

這就是說，地球上百萬分之一水是和降雨有關的，這百萬分之一的水，就搞得人類為下雨、淹水和乾旱而煩惱不已。

在 4.1 節中提到過水的比熱和潛熱都是地球上物質中最高的。同時地球的平均溫度是攝氏 16 度，這個溫度使得冰、水和水蒸氣同時存在，在這種情況下，水便成了使地球表面上溫度變化保持在一定範圍內的平衡者。白天太陽大的時候，水可以比其他的物質吸收更多的熱而仍保持小幅度的溫度變化，當熱量變化太大時，水的潛熱就會發揮功能，多的熱量就會轉變為水蒸氣，熱量散失得快時，水會放出大量的熱而轉換成冰。例如：在沙漠（水少的地區）白天的溫度在攝氏 40 度以上，而海水的溫度會維持在攝氏 25 度左右；

當夜晚來臨，地球向外散熱時，海水的溫度仍在攝氏 25 度左右；而沒有水的月球，在沒有太陽照射的陰面其溫度是攝氏零下 117 度。地球上如果和月球一樣，完全沒有水，日夜溫度的差異會在攝氏 180度以上，至少目前的人類和動植物是無法存活的。

　　如果地球距離太陽近一點，地球表面的平均溫度就會比攝氏 16度高，例如：比地球距離太陽近的金星，其表面的平均溫度約是攝氏 300 度；而如果距離遠一點，則地球表面的平均溫度就會遠低於冰點；地球表面上的溫度就無法靠水來調節。造物者對地球和人類的恩寵由此可見。

4.4 乾爽和悶熱——空氣中的水

　　地表面上的水，蒸發為水蒸氣逸散到大氣中，大氣中的水蒸氣再凝結為雨水或雪，降回到地表面，稱之為「水的循環」。

　　水吸收了相當於汽化熱的能量之外，即可變成水蒸氣而進入到大氣中，在大氣中放出汽化熱的能量，變成小水滴，在大氣中放出的汽化熱，可以使極大量空氣的溫度上升到和水蒸氣相同的溫度，是以水的蒸發是一個吸熱過程，再凝結是一個放熱過程，而整個水循環就是一個傳熱的過程。令地面水蒸發的速率（rate）為 r_1，r_1 和水的量以及溫度的高低有關。令水蒸氣凝結成水的速率為 r_2，r_2 和大氣中水蒸氣的多少成正比，和溫度成反比。r_1 和 r_2 相對的大小，有下列各情況：

　●$r_1=r_2$，即是蒸發和凝結的速率相等，地面上的水和大氣中的水蒸氣總量都沒有增減。這個時候，空氣中所含有水蒸氣的量稱之為飽和濕度（saturated humidity）或飽和氣壓（saturated pressure），飽和濕度是在某一溫度，空氣中所能含有最大的水

蒸氣量。溫度愈高，飽和濕度的數值愈高，當高到水的沸點攝氏 100 度時，飽和水蒸氣壓為 1 大氣壓。

- 當空氣中的水蒸氣含量小於飽和溼度，此時且 $r_1 > r_2$，水的淨量因蒸發而減少。此時空氣中所含有的水蒸氣量，除以同一溫度的飽和水蒸氣量，再乘以百分比，稱之為相對濕度（relative humidity）。相對濕度愈小，表示距離飽和濕度愈遠，水的淨揮發速率就愈大。換句話說，相對濕度愈低，水揮發得愈快，衣服也乾得愈快；而相對濕度愈高，水淨揮發的速率愈慢，衣服也就乾得愈慢。

對日常生活來說，相對濕度的高低使人類對天氣有不同的感受：

- **大於 85%**：汗不容易排出（蒸發），皮膚表面上感覺黏黏的，有些悶，這就是悶熱的感覺。排汗是人體主要的散熱方式。
- **60～80% 之間**：比較容易排汗，汗不會留在皮膚上，乾爽的感覺很好，是舒適的濕度範圍。
- **在 50% 以下**：這時排除水分的速率高，皮膚失水會發癢，要保養皮膚了。

白天的溫度比較高，飽和濕度高，大氣中的水蒸氣含量也高。到了晚上氣溫下降，飽和濕度下降，如果白天空氣中所含有的水蒸氣量，高於晚上溫度的飽和溼度，多出來水蒸氣就會凝結為露（dew），如果溫度再低一點，就是霜。一般便於農耕的氣候是無霜的，在比較北方的地區，一年中無霜期的長短對能種植哪些農作物，有決定性的影響。

冬天到北部地區旅遊的人會有「太乾了」的經驗，室外溫度

低，濕度也低，空氣中的水蒸氣本來就不多，室內再用暖氣加溫，相對濕度就很容易降到 15% 以下，一方面乾得皮膚要裂開了；另一方面空氣中可以導電的水蒸氣太少，靜電容易集中，開個房門都可能被門把電到。

4.5 風從哪裡來——大氣環流

赤道（equator）是地球上接受日曬最多的地區，海水的溫度，從冬至夏變化甚少，年均溫在攝氏 24～26 度之間，這也就是海面空氣的溫度。南、北極是接受到日光照射最少的地方，在兩極外圍高緯度地區，如果是水分稀少的砂礫地，則在夏天的溫度因為砂石的比熱小，故而同量的日照會使得溫度升得更高，在冬天則因散熱而使得溫度更低。

「高壓」是指溫度低而且含水蒸氣極少的空氣，單位體積中所含有空氣分子的數量比較多。

「低壓」是指溫度高而且含水蒸氣可能較多的空氣，單位體積中所含有空氣分子的數量比較少。

風是由高壓地區吹向低壓地區。是以在夏天，在赤道大氣的溫度和海水大致相同，大陸內部的高緯度地區溫度因為地表細砂石的比熱小，而溫度高，連帶的空氣溫度也高，是以赤道是高壓地區，風是由南向北吹。到了冬天，赤道地區相對於高緯度的冷空氣是低壓區，風是由北向南吹。地球是以南北極為軸，逆時鐘方向自轉。由於自轉，故而北風變成西北風，南風變成西南風。每年的春夏和秋冬之際，就是風轉向的時候，高低壓交會的地方就會下雨，春夏之際就是梅雨。在台灣，梅雨之後是颱風季節，每年的 11 月左右至次年3月是乾季，和東南亞地區相同。

　　[圖 4-2]是在赤道地區，水和空氣的能交換，和大氣環流的示意圖，請留意：

● 水的比熱是物質中最高的，故而水中含有的熱量遠高於其他物質，大氣所含有的熱量，僅相當於 4.6 公尺深水的熱含量。

● 水的汽化熱（潛熱）非常大，19 公斤蒸氣凝結為溫度相同的水時所釋放出來的熱量，相當於 1 公升石油燃燒所放出的熱量。

　　參看[圖 4-2]，空氣經海水加溫，挾帶水蒸氣，由於溫度較高，故而向上升，這種情況主要發生在南緯 5 度至北緯 5 度之間，有時也可能在南、北緯 20 度之間；大氣中的水蒸氣凝結為水，同時釋放出汽化熱，使得空氣的溫度上升，比上層空氣的溫度高，故而可以繼續上升，直到對流層的頂部，再分別流向南北，至南、北緯約 30 度下沉至海（地）面，再分別向南北方流動；向南流的（北半球）回到赤道再循環。大氣環流在南半球和北半球的情況相同，方向相反。水蒸氣凝結為同一溫度的水，所釋放出來的汽化熱將空氣加溫至與水蒸氣和水相同的溫度，這一過程稱之為等溫（isothermal）加熱，是空氣和水之間能量交換最重要的過程；蒸包子、饅頭或魚，所利用的就是汽化熱，水蒸氣所釋放出來的汽化熱使得包子、饅頭和魚蒸熟了。空氣和水蒸氣垂直於地面的上、下流動，稱之為對流（convective），空氣的對流是影響地表氣象最主要的因素，局部性的對流雲雨雹，也可造成大雨。

　　當海水的溫度達到攝氏 27 度或更高時，再配合上其他的條件，如[圖 4-2]，在赤道地區空氣的對流行為變得非常劇烈，即形成颱風。對亞洲來說，颱風的發源地在換日線的赤道附近。颱風的能量來自水蒸氣的汽化熱，在颱風發展的過程中，如果加入了更多的水蒸氣，就稱之為能量加強；如果沒有繼續加入能量，由於能量轉化

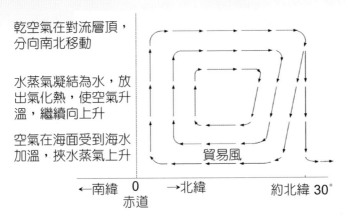

乾空氣在對流層頂，分向南北移動

水蒸氣凝結為水，放出氣化熱，使空氣升溫，繼續向上升

空氣在海面受到海水加溫，挾水蒸氣上升

貿易風

←南緯　0　→北緯　　　約北緯 30°
　　　赤道

圖4-2　空氣和海水的能交換及氣流示意圖

為大氣的動能，加上大氣和地面或海面摩擦而耗失的能，颱風就會消失。

在夏天，陸地表面的溫度高（砂石和土壤的比熱低）空氣的溫度也高是為低壓，從北極流經低溫海洋（水的比熱大）而來的空氣溫度低是為「太平洋高壓」。空氣是由高壓流向低壓。而高壓含水蒸氧少，無論在冬天或夏天，高壓籠罩時，都是晴空無雲，在夏天便是陽光全部照射到地表面，使得地面溫度大幅度上升。在冬天，高壓空氣帶來寒流；在夏天反而使我們地面溫度升高的原因在此。

沿著赤道的海水溫度是最高的，但是並非完全相同的。赤道上海水的高溫帶如果向東（美國方向）移個兩，三百公里，聖嬰（El nino）現象就會發生，該下雨的地方乾旱，雨少的地方會淹大水。自然界的平衡是精確巧妙而又脆弱的！

複習與討論

試說明下列各項：

(A) 大氣的組成和分佈；

(B) 溫室氣體；

(C) 水的分佈；

(D) 比熱；

(E) 潛熱；

(F) 高氣壓和低氣壓；

(G) 飽和濕度和相對濕度；

(H) 對流；

(I) 等溫加熱。

討論：

(A) 大氣中的水分，占地球上水總量的百萬分之一，而影響地球表面的氣象極大，說說您的感想。

(B) 說明您讀完本章後的感想。

Chapter 5

文明生活的基礎

——能源

　　動力的改革，使產業革命得以能開始。自從產業革命之後，人類的生活條件有了大幅度的改善。從燒柴、煤球到瓦斯，從油燈到煤油燈以至電燈；從走路到乘火車，到開了車就走；這都提供了生活上的便利性，這些便利性的基礎就是能源。我們現代的「文明」是建築在能源上的，而能源也成為了生活上的必需品之一。

　　本章的第一部分在說明日常生活中所使用的能源、燃料和電力，及其供需情況（5.1，5.2 和 5.3 節）；然後討論能源工業的未來。能源和環保是相關的問題，在第六章中討論。

5.1 燃料的種類及其來源

　　人類今日所用的燃料均屬於化石（fossil）燃料，意思是說它們都是由遠古時代的動、植物埋在地下所變化而來的。化石燃料共分為三類，即是：

煤油燈

日光燈

● 氣態的天然氣（natural gas），在開採之後，先將二氧化碳等分離出來之後，甲烷（methane）部分用作燃料。

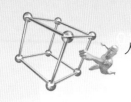

「開」火煮飯

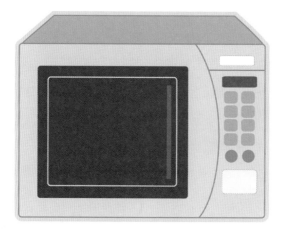

「免」火煮飯

「生」火煮飯

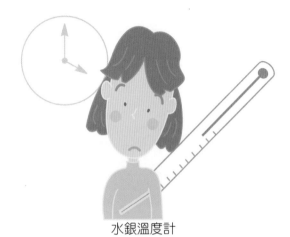

水銀溫度計

耳溫槍

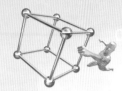

人文科技與生活

砍伐造紙

人工送信

網路訊息傳輸線

學習簡易化

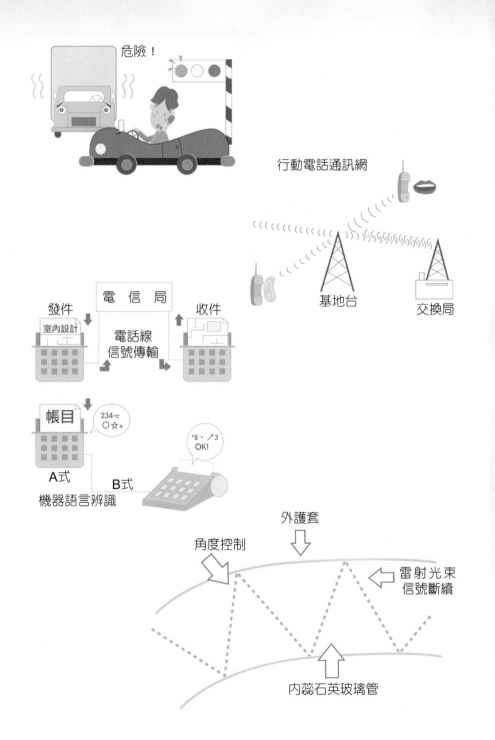

● 液態的石油（crude oil 或 petroleum），在煉油廠（refinery）中分離為汽、煤、柴油（gasoline、kerosene、diesel）和燃料油（fuel oil）等。其中汽油為最主要的產品，占石油總量約一半。

● 固態的煤，開採出來之後一般打碎為粉狀來運輸和使用。

這三類燃料的主要貯藏區和差異性如下：

天然氣的最大貯藏區如 [表 5-1]。

表5-1 天然氣的已知貯產地

地區	貯量占世界總貯量的 %	說明
蘇聯	30	用管路聯至德國，大部分仍未開發。
中東波斯灣周圍六國：伊朗（Iran）、沙烏地阿拉伯（Saudi Arabia）、阿拉伯聯合大公國（United Arab Emirates）、科威特（Kuwait）、伊拉克（Iraq）、卡達（Quter）	50	21 世紀開始大量開發，約在 2006 年左右開始出口。伊朗的貯量最大，占本地區 40%（全世界的 20%）
美國、加拿大、中國、印尼、馬來西亞等。	20	美國和加拿大尚可開採約 20～30 年。印尼和馬來西亞出口至日本、南韓、中國和台灣。

石油的主要貯產區如 [表 5-2]。

從 [表 5-2] 中可以發現，中東是唯一的石油淨出口區，而且貯量極大，全世界對中東石油依賴的程度與日俱增。

大的煤礦是在北緯 30 度以北，蘇聯、中國和美國是貯量最多的國家。澳洲也產煤，台灣用的煤有很多是從澳洲進口。

表5-2 石油的已知主要貯產區

地　　區	貯量占世界總量的%	以目前開採量可開採年數	說　　明
OPEC			
中東波斯灣周圍六國（同表5-1）	62	長於 70 年	貯量中，沙烏地阿拉伯占 1/3 強，是最大石油出口地區。
非洲	4	長於 30 年	石油出口地區。
委內瑞拉、墨西哥	3	約 30 年	石油輸出至美國。
印尼、馬來西亞等	3	約 30 年	亞洲的石油出口國，其他所有亞洲國家均進口。
非 OPEC 地區			
美國、加拿大	5	約 20 年	美國進口所需石油的一半。
歐洲	12	約 20 年	除蘇聯、挪威為石油出口國外，其他國家所需要的石油 100% 仰賴進口。
亞洲、澳洲	11	約 20 年	亞洲所有的國家除了印尼、馬來西亞和汶萊之外，均需進口石油。

　　天然氣、石油和煤的相對貯量，用熱值（heating value）來作基礎：

石油：　　1

天然氣：　0.8

煤　　　　8～10

　　以上的數據，是根據已證實貯量（proven reserve）所作出來的，目前沒有地球上完整總貯量的數據，但是會比本節中的數字高，例如：釣魚台海域中有多少石油，就是未知數。

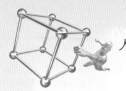

燃料的環保性

石化燃料中都含有碳和氫；碳在燃燒之後變成二氧化碳，是會造成溫室效應的氣體；而氫燃燒後變成水，水是自然界中無害的物質，對環境無傷。是以燃料中氫原子和碳原子相對的比例愈高，則愈環保。甲烷的氫碳原子比是 4，石油產品則大於 2，而煤是 0.6；所以甲烷最環保，石油產品次之，而煤最不環保。

天然的燃料中無可避免含有一些雜質，例如：硫和氮化物等，這些化合物在氣態時容易除去。所以天然氣中所含有的硫化物等最容易除去；石油可以在煉油廠中集中除去；而煤則要在使用後，從燃燒所產生的氣體在排放前除去，故而發電廠之類的大型工廠可以集中處理煤所含有硫氮等化合物，使它們不排入大氣；而小用戶如家庭則無法做到。石油和天然氣在燃燒之後沒有殘留物，煤在燃燒後剩餘有 5% 至 10% 的煤灰。

貯運的便利性

液體是最容易貯運的物質，用幫浦和管路就可以運送，用槽就可以貯，石油是貯運最方便的燃料。固態物質的貯運比較費事，煤是在打碎成煤粉之後，加入水以煤漿的方式在陸地上作遠距離的運輸；海運用散裝貨輪運，比石油麻煩一點點，貯存則是用堆放的方式，對小的用戶造成困擾。氣態的物質如果要長途海運就是完全不同的情況；首先，天然氣要先壓縮為液態，以液態貯存在低溫高壓槽中，然後用有專用低溫高壓槽的船運，再下貨到高壓低溫槽中備用。

是以天然氣的買賣雙方都必須先作相當大的投資之後，才能實現買賣行為，故而合約一定是 15 年或以上的長期合約。天然氣也不能像石油或煤在現貨市場上貿易。這也說明了由於貯和運都貴，中東的天然氣要遲至 2006 年左右才開始大量外銷。

🔘 價格

除了約有 6% 的石油和天然氣用作石化工業（petrochemical industry）的原料之外，95% 的天然氣和石油以及全部的煤都是用作燃料，故而它們的計價基礎是燃燒值或熱值（heating value），然後再考慮貯運費和環保性及需求來訂價。

天然氣訂價的基礎是百萬英熱單位（British Thermal Unit, BTU），約相當於 1,000 立方英尺甲烷的熱值。每桶石油的熱值約相當於 5.5 百萬英熱單位；1噸標準煤的熱值約相當於 0.72 噸的石油。每 7 至 7.5 桶石油（不同的石油比重差異很大）約相當於 1 噸。汽、煤、柴油等石油煉製品的基本價格（未加稅之前），是同體積石油的 1.5 倍。

結論是：在產地之外在同一熱值的基礎上，天然氣由於運輸費用高價格最貴，石油次之，石油的煉製品如果不包含稅，價格仍比天然氣還要貴一點，而煤的價格約為石油的1/4強。

本節綜合的結果如 [表 5-3]。

[表 5-3] 中透露出一個訊息：愈環保的燃料價格愈高，環保是要花錢的；用另一種方式表達：有錢的國家和人，比較容易講究環保。

表5-3 化石燃料的綜合比較

燃料	來源或主要出口地區	環保性	貯　運	價格	其他說明
石油	中東、非洲、委內瑞拉、墨西哥、印尼、馬來西亞	次於天然氣而優於煤	方便	高	是目前使用量最大的燃料。可繼續開發的年限常引發關注。中東主導石油的供應。

燃料	來源或主要出口地區	環保性	貯　運	價格	其他說明
天然氣	蘇聯、中東地區	最好	需要專用設備，貯運費均高	最高	由於貯運困難，尚在初度開發階段，可開採的時間比石油長。中東仍將主導天然氣的供應。
煤	蘇聯、澳洲、中國大陸等	差，而且煤灰的處理不易	方便，貯放的問題比較麻煩	石油的 1/4 強	貯藏量遠大於石油，估計仍可以使用 250 年。

5.2 電力

導電體感受到的磁場強度發生變化時，導電體內即產生電流。在實務上，是使銅線圈在很多對的磁極之間轉

霓虹燈

動，導致銅線所感受到的磁場不停的改變，而連續產生電流。轉動線圈所需要的動力，即是提供給發電的能。線圈一般是聯接在渦輪（turbine）機上，由渦輪的轉動來帶動線圈。渦輪機有如風車，由流動的流體衝力來帶動；和風車不同的是，渦輪機是經過仔細的設計和由精準的零件所組成的，承受流體衝力的葉片數以百計。帶動渦輪的流體有：水、高壓蒸氣和高溫氣體三種；一般又將電力的來源分為火力、水力和核能三種；將電力的來源綜合如後：

水力發電

是利用水從高處流下，由位能轉化為動能來打動渦輪葉片，使得線圈轉動；換一種表達方式：將水的位能轉變為水的動能，再將

水的動能經由線圈在磁場中轉動而變成電能。要開發水力發電，一定要先有地利，要有在高山之間流過的河流，然後在山峽之間造壩蓄水，壩一定要高到水位差可以用作發電，蓄水量要能在枯水期仍有足夠的水來穩定的發電。沒有適合造壩蓄水的天然條件，就沒有水力發電；水量不夠倒是有辦法補救，例如：日月潭下方有一個人工建造的明潭蓄水庫，在晚上用電量少的時候，用多餘的電力將明潭的水打到日月潭中，以增加日月潭的蓄水量。

　　造壩蓄水在今日來說是會影響環境的大事，同時費用也高；在水壩建成之後，發電的動力——水，則是老天賜予的免費禮物，是以操作費用最低。

🔵 火力發電

　　顧名思義，火力發電即是使燃料在燃燒時所產生的熱能轉變為電能，在操作上可分為兩類：

- 一類是用煤或燃料油（fuel oil，石油產品的一種）燃燒時的熱能產生高壓蒸氣，再用高壓蒸氣去推動渦輪機發電。
- 另一類是天然氣，天然氣是一種很乾淨的燃料，在燃燒之後不會產生有腐蝕性的氣體，也很容易就燒得一乾二淨，不會有固體粒子；故而可以直接用燃燒後的高溫氣體去推動渦輪發電，省下了產生蒸氣這一部分。這種作法和噴射機等飛行器用煤油燃燒後所產生的高壓氣體來推動渦輪機產生動力是相同的。
各種燃料的優劣點，請參閱 5.1 節。

🔵 核能發電

實質上是利用核反應器（nuclear reactor）中產生的熱能，將水

轉換為高壓水蒸氣，推動渦輪機來發電。目前能利用的核能是鈾裂解。

發電成本

世界各國的能源政策不同，電價的計算方式亦不同，但是成本大致相同。台灣目前有水力、火力、核能和傳說要大力推廣的風力發電方式，這些發電的成本，以及和電價的相關比較如〔圖 5-1〕。

〔圖 5-1〕中的發電成本中，不包含輸配電和管銷費用，亦不包含核電輻射廢棄物的處理費用。

在電費方面，家庭基本用電費是工業（包含政府機構和學校）的 1.4 倍，超過基本電費的電價更高，未示出的商業用電費用是工業電費價格的 3 倍多。這是一個非常明顯的以民用貼補工業的政策。工業用電占台灣總用電量的一半以上。

在發電成本方面，水力發電成本最低，核能發電成本約為工業用電價格的 1/3，煤約為 2/3；天然氣的發電成本比工業電價高出

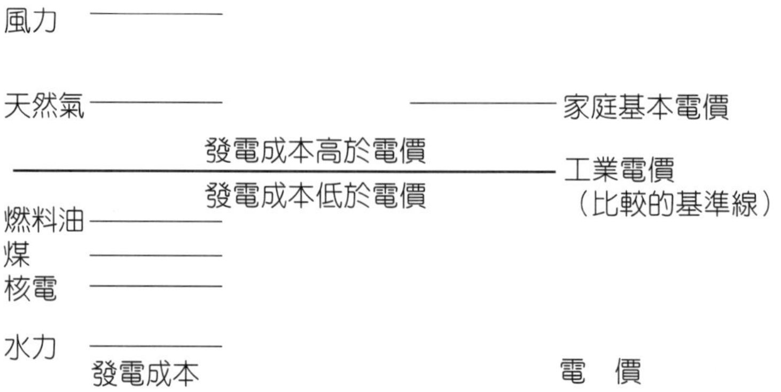

圖5-1 發電成本與電價的示意圖（發電成本中不包含輸配和管理費用，但包含折舊。核電成本中不包含輻射性廢棄物處理費用。）

50%，而規劃中的風力發電成本（包含獎勵性的貼補，和台電的收購電價）則是工業電價的 2.3 倍以上，在本章的 5.5 節中，會有進一步的說明。

能源是民生必需品，不同的發電方法的成本差異很大。要採用哪一種方法來發電，一定要考慮到人民能承受的水準。要了解，電價是以「民生問題」為優先考慮的。

[表 5-4] 是將水力、火力和核能發電的基本情況作對比。

表5-4 現有發電方式的比較

種類	投資	發電總成本	發電時對環保的影響	建廠時間	其他說明
水力	最高	最低	無	5 年以上	必需要有可建水壩的天然條件，對環境的影響要評估。
火力： 煤 燃料油 天然氣	次低 次低 最低	低 低 最高	最大 次大 較小	3 年 3 年 3 年	煤灰需要處理。 發電成本高於煤。 投資中不包含天然氣的貯運設備。
核能	次高	次低	無	5 年以上	輻射廢棄物的處理費用未計算在內。

5.3 核能的現況及未來

爭議最大的能源就是核能，原因是對核能安全性，包含操作時輻射線外洩和在戰爭時可能引起的核爆的關注，以及輻射性廢棄物的處理。但是，核能可用原料的供應遠比石油，甚至於煤都充裕非常多，發電時又不排放二氧化碳。這就是說在沒有大的科技上的突破之前，人類有可能要被強迫接受核能。在本節中，將說明發展核能的歷程、現況，以及未來可能的發展，最後針對使用核能的顧慮

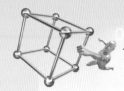

作簡略的說明。

在 1973 年第一次能源危機之前，核能僅象徵性的用來發電，和在戰艦上作試驗性的使用。核能普遍用於發電，是第一次能源危機之後的事。

第一次能源危機，是在半年之內，中東出口的石油價格由每桶 2 美元上升到每桶 11 美元。今天看來，上漲的絕對金額並不大，為什麼要稱之為危機（crisis）？以致於要改變能源政策？這個問題可以由兩方面來說明：

● 第一，價格是由供需來決定的，供應量少，價格就會上升。在 1973 年之前，每桶石油的價格在 1.5 至 2.0 美元之間變動。突然上漲了 5 倍，意味著石油的供應量是有上限和時限的。石油用完了要怎麼辦？就變成了一個有急迫性的問題。

● 第二則是表示在波斯灣周圍的石油大國們已不是可以完全被操控的國家了！自 20 世紀初在中東發現石油之後，中東石油的探勘、開發和銷售權就一直操控在美國和英國統稱為「七姐妹」（Seven sister）的七家石油公司手中，由於涉及到國家利益，美國和英國政府涉入控制中東政府的行動非常多；在二次世界大戰之後，中東諸國開始自立更生，例如：組織生產石油經濟體委員會（Oil Production Economics Committee，簡稱OPEC）。第一次石油危機是中東諸國在不顧美、英各國意見的獨立行動，意味著 OPEC 有可能只單獨考慮他們自身的利益。而石油占世界上使用能源的 70% 以上，不能把所有的蛋放在一個籃子裡，發展核能是分散能源的動作。

由於石油是如此的重要，美國和英國政府控制中東諸國不遺餘力；即使是「盟邦」之間，爭相增加對油源控制的競爭不斷。伊

拉克和伊朗和美國的關係不好，法國和德國在這兩個國家的投資額接近 2 千億美元，法、德之反對伊拉克戰爭的原因即在此。隱藏在表面爭執之後的是，沒有一個國家願意將石油這種重要物資的控制權，操縱在別人的手中，同時也不能不開發和使用其他的能源如核能。

自 1973 年之後至 2005 年，核能發電的情況如下：

核反應器總數：441 個

(1)美國：103 個，占美國總發電量的 20%。

(2)歐洲：35% 的電力來自核能，其中：

 ‧法國：核能占總發電的 78%。

 ‧比利時：核能占總發電量的 55%。

 ‧西班牙：有 9 個核反應器，並計劃增設中。

 ‧同時，比利時、德國、荷蘭和瑞典等國通過立法，要廢
  除現有的核能廠；義大利在拆除現有的 4 座核能廠，奧
  地利、丹麥和愛爾蘭表示反核能。

(3)亞洲：

 ‧日本：共約有 60 個核反應器，核電占總供電量的 22%。

 ‧南韓：共約有 30 個核反應器，核電占總供電量的 35%。

 ‧台灣：共有 6 個核反應器，另有 2 個在興建中，占總
  發電量的 12%。

 ‧中國：目前共有 3 個核反應器在運作，4 個在興建中。

 ‧亞洲地區包含印度，目前共有 17 個核反應器在施工，
  70 個在規劃中。

從上面的敘述中，可以知道核能的爭議是很大的。最基本的原因是核武器的威力太大、影響的範圍太廣，出事的後果實在難以承

受；用作戰爭武器都會成為世界公敵（參看第三章），再好、再完善的設計都不可能是絕對不發生問題的，為什麼要把這種不定時炸彈放在自己的院子裡？

核能電廠曾發生的兩次意外：

1. 第一次是 1978 年美國三哩島（Three Miles Island）發生核電廠中的蒸氣大量外洩事件，在這一次事件中，核反應器本身並沒有出問題，而是核反應器的核原料在反應後的殘餘物仍具放射性而產生熱所造成的損害，會發生意外的原因是冷卻反應殘餘物系統出了問題。對此，核反應設備供應廠商說已改進，再發生的可能性是沒有。

2. 真正嚴重的意外是 1986 年發生在蘇聯車諾比（Chernobyl）核電廠，這一次是核反應器出了問題，車諾比市至今仍是人去樓空，荒涼一片。蘇聯當時設計的核電廠沒有自動控制系統，必須用人依照操作手冊去處理任何發生的情況，人出問題的機率遠大於儀器，車諾比事件即導源於人為操作錯誤所致。美國、英國和法國的設計應該沒有這種問題。

核能電廠所使用的核燃料（nuclear fuel）是氧化鈾，鈾中含有 0.7% 至 5% 的鈾 235，其餘是鈾 238，比武器級約低了一個級數，用作發電用的核燃料與原子彈的是不同等的。

真正有能力處理核廢料的國家，是那些核武大國，它們生產核原料、核武器，還要處裡那些過期和過時的核武器，只可能自己想辦法去維護安全。不生產核原料和武器的地方如台灣，在控制核武條文的制約下，所有使用過的核燃料都要運回到美國，因此台灣只有低輻射性的廢棄物，是可以運到核武國家，請他們深埋在地下。封裝後深埋在地下是目前處理輻射性廢棄物的唯一方法。

核電設備會不會成為戰爭或恐怖攻擊的目標？答案和是否會用

核武器作為戰爭的手段相同，即是雙方的怨恨是否深到要甘為世界公敵的程度。到目前為止，恐怖攻擊沒有以核設置為標的。911 的攻擊是以商業大樓、軍事和政治中心為標的，而不是核電廠。

核電近數年來再受到注意的原因是：在發電時不排放二氧化碳，是除水力發電之外，既能增加電力供應，又能滿足京都協定要求（限制二氧化碳排放量，參看第六章）的唯一發電方法。

5.4 煤的氣化和液化

煤是最不環保的燃料，但是它的貯量最多。假如石油會在五十年後用完，則在三十年後石油的價格就會貴得不得了，而必須要用到其他的燃料，例如：煤。

「心想事成」是個永遠不可能實現的夢，沒有任何國家或個人能做得到。在心想而事不一定能成的情況下，無法排除大量使用煤的可能，本節將說明有關煤的利用與發展。

在高溫下，煤和水反應會產生水煤氣（water gas），水煤氣的成分以氫氣和一氧化碳為主，二者均是燃料。事實上 19 世紀末和 20 世紀初在大城市中所使用的氣態燃料就是水煤氣。目前水煤氣被天然氣取代，水煤氣的生產技術主要用於生產尿素。

和煤相比較，水煤氣中多了氫氣，參看 5.1 節，故而環保性比煤來得好。將煤轉化為氫和一氧化碳稱之為煤的氣化（coal gasification）。利用煤的氣化來發電的過程簡稱為 IGCC（Integrated Gasification Combined Cycle），如 [圖 5-2]。它的發電效率和環保性均遠優於直接用煤發電，但是投資要高出 20% 以上。

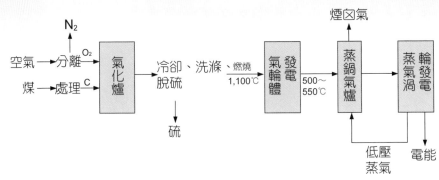

圖5-2 IGCC發電流程示意圖

在二次世界大戰時,德國因為缺乏石油而開發出在高溫、高壓下用氫氣將煤氫化為汽油的製程;此一製程在二次大戰之後曾在南非應用至今。將固態的煤變成液態的燃料稱之為煤的液化(coal liquefaction)。

水煤氣中的一氧化碳和氫可以合成為甲醇,而甲醇可以合成為汽油。是以我們具備了由煤生產電力、氣態燃料和液態燃料的技術。

5.5 可再生能源

本章初始所提到的能源,無論是煤、石油、天然氣或是鈾,都是取之於地球,其貯量一定,無論多少遲早都會有用完的一天。陽光和風則是無窮盡的,它們所蘊含的能量是無窮盡的,是可再生的(regeneration),為什麼不加以利用?

德國的綠黨(Green Party)在 1998 年參與執政,德國也正式大規模的展開風力發電的計畫,目標是風力發電將占其總發電量的 18~20%;到了 2004 年,風力發電所占的比例達到了 5%,由於費用遠超出了預期,故而在減緩進度、重新評估中。風是老天給我們

的，是免費的，為什麼用風發電要那麼貴？

風和太陽光都不要錢，但也是不穩定、不連續的。風大，電就多一點，風小電就少一點。假定 A_1 代表最大風力發電量，A_2 為最小風力發電量，在一個土地面積不特別大的國家中，A_2 一般是接近於0。電力是民生必需品，供應一定要穩定，由於風力發電量不穩定，所以傳統發電系統必須要開機備用，而不能停機。除非 A_2 的量相當大，傳統的發電機才能停開相當於 A_2 的發電量，才能省錢。否則風力發電的真正成本是風力發電的費用，再加上傳統發電開機備用的費用，並不省錢，也不環保（傳統發電設備仍在開機）。

太陽能發電的情況和風力發電大致相同，而發電設備費用很高。美國曾有一個全世界唯一的太陽能發展試驗工廠，十多年以前拆除了。美國也裝了一批風力發電機，現在都是用來點綴風景。中國大陸的西北偏遠地區和蒙古，倒真的是使用風力和太陽能發電，那裡的人沒有我們文明，有電看一下電視很好，沒電也完全活得下去，一點問題都沒有。

風能和太陽能都很環保，也是應時的體材，但不是取代傳統電力的候選者。

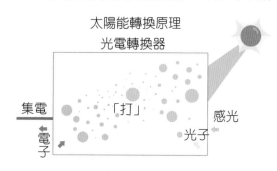

太陽能轉換原理
光電轉換器

集電

電子

「打」

感光

光子

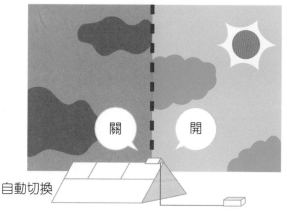

供電輔助功能

關　開

自動切換

01010110110100001010010111011010111101111101010100010101000010010111101011110101101

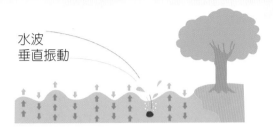

水波
垂直振動

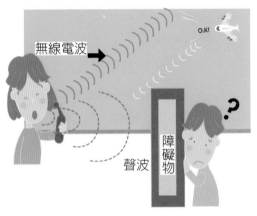

無線電波

O.K!

聲波

障礙物

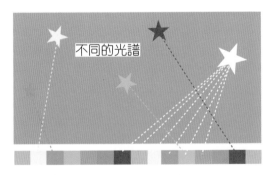

不同的光譜

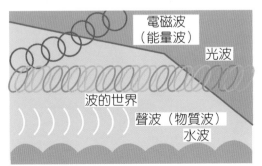

電磁波
（能量波）

光波

波的世界

聲波（物質波）

水波

5.6 明日的夢——氫、燃料電池和核熔合

在本章中，我們將人類所需要的能源分為「燃料」和「電力」兩大類。如果要保持人類現在的生活模式，家用的燃料可用電來取代，而真正需要燃料的是在公路上的車輛。明日能源工業可能的型態之一是：

● 用氫氣來作為主燃料，氫氣可以直接燃燒而產生熱能，或者是用作燃料電池（fuel cell）來產生電流。
● 用重氫熔合（參看第三章）來發電。

這種組合引人關注的原因是：

1. 氫在燃燒或用於燃料電池發電所產生的是水，合乎水循環，我們現在認為對環境完全無害。

2. 燃料電池的效率高於 90%，比燃燒產生熱發電的效率高出一倍以上，而且體積不大，不需要蓄電裝置，可以用在小型車輛上。

3. 核熔合是由小的重氫原子熔合為次小的原子氦，和核熔合相較，具有下列的優點：

   ● 核熔合時，每次是將少量的重氫激化到可以發生熔合反應的狀態，在激化前，重氫是完全安全無害的；而核分裂的原料本身即具有強烈的輻射性。

   ● 反應後的生成物氦不具輻射性。鈾分裂後的生成物會繼續裂解，需要極長的時間才能達到穩定狀態。是以核熔合所產生的輻射性廢物少而且容易處理。

   ● 重氫的來源是重水，重水存在於水中，其來源相對的是非常

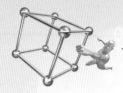

充裕。而鈾是一種礦產，貯量少很多。

總結來說，這種組合是不會傷害到環境，而又可長可久的能源組合。

我們離美夢成真有多遠？

現在工業用氫氣的來源是天然氣或石油煉製品的裂解，如果石油和天然氣用完了，氫氣的來源也就沒有了，所以需要新的氫氣來源。最先浮上腦海中的氫氣來源就是電解水產生氫和氧，氫燃燒發電，電再電解水；但是氫燃燒產生電的效率低於 70%，換句話說，要用其他的能源來補充，補充能源要從哪裡來？是以這是不可行的。

其他在研究中的氫來源有：

● 利用陽光，藉光電池來發電，電解水。

● 用化學方法來使水分解為氫。

這都是在研究中的項目。

同時，煤的氣化會產生氫；核電設備供應廠說他們的第三代半或第四代的設計中會包含將水分解為氫和氧的裝置（台灣的核一是一代核能廠、核二和核三是二代廠、核四是三代廠）。所以氫的來源是有解的。

燃料電池目前已達到可用的階段，但是在性能方面有改善的空間，同時價格高了一點。研發的重點在改良質子交換膜（proton exchange membrane）的性能和降低成本，小汽車上的燃料電池需要 10 平方米的交換膜，目前每平方米交換膜要 300 美元，汽車業者希望能降低到每平方米 30 美元。

核熔合反應，請參看第三章，目前仍沒有可商業化的技術。

新的技術如果要全面取代現有的能源工業，最少需要 30 年以上

的時間。新的工業需要大量的資金和人力，尤其是人力的培養，不是短期間可以做得到的。

5.7 資源分配

以石油為例，2005 年世界上資源分配的情況如下：

石油日產量：8,300 萬桶或 1,145 萬噸。

人均石油年用量（日產量×365÷63 億）：663 公斤／年。

美國石油日用量：2,200 萬桶，占世界總量的 26.5%。

美國人均石油年用量：3,693 公斤／年，是世界平均值的 5.57 倍。

西歐石油日用量：2,000 萬桶，占總量的 24.1%。

西歐人均石油年用量：2,200 公斤／年，是世界平均值的 3.32 倍。

台灣人均石油年用量：2,435 公斤／年，是世界平均值的 3.67 倍。

中國人均石油年用量：192.3 公斤／年，是世界平均值的 29%（2004 年，2 億 5,000 萬噸）。269 公斤／年，是世界平均值的 40.6%（2008 年，3 億 5,000 萬噸）。

在二次大戰終結的時候，美國石油的用量占全世界的 70% 左右，1960 年至 1980 年代，美國和西歐的石油用量各占世界總量的 1/3 強。日本、亞洲四小龍等國家的興起，逐漸使美國和西歐的 1/3 縮

小，其他地區（占總人口的 90%）使用石油的比例上升。在這個過程中，美國和西歐的人均石油量仍在增加。

經濟成長和能源的需求有一定的關聯，落後國家要「脫離貧窮」就一定要增加能源的使用，這就是新興國家如中國、南韓都加入了石油爭奪戰的原因。

很清楚的是，沒有任何一個國家有能力採取美國的發展模式，美國的發展模式需要大量的能源來支援，綠草如茵的院子、空間寬裕的家，但是上下班要開車一兩小時，這些要用掉多少汽油？

5.8 台灣啊！台灣！

在 5.7 節中可以看出台灣的人均石油用量僅次於美國而高於西歐（及日本），而台灣的國民平均生產毛額（GNP）不到美國和西歐的一半。老祖宗告訴我們，要「開源節流」，台灣在開什麼源？節了哪些流？在第六章的後半部，會作討論。

複習和討論

試說明下列各項：

(A) 化石燃料；

(B) 天然氣、石油和煤用作燃料的優劣點；

(C) 水力、火力和核能發電；

(D) 石油、天然氣和煤的主要出口區；

(E) 核分裂和核熔合反應；

(F) 再生能源及不連續能源；

(G) 煤的氣化和液化；

(H) 燃料電池。

(A) 說說您對風力和太陽能發電的看法。

(B) 台灣能源的自給率是 3%，這 3% 是什麼？台灣有哪些能源可以開發？

(C) 德國採用風力而不採用太陽能，討論一下，為什麼會這樣？

(D) 台灣有能力成為耗能大國嗎？如果不能，我們要採取什麼樣的能源政策？

(E) 您認為 50 年後的能源工業會成為什麼樣子？

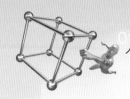

Chapter 6

安全、乾淨的生活空間

——環境保護

　　地球的歷史有數億年，其間變化不已，環境的差異性大。而人類有文字紀錄的歷史只有數千年，再努力往前拉，和人類長得有點相似的生物最多也只在五、六十萬年前存在過。我們並不知道在漫長的地球史中，是否曾出現過和現代人類相類似的生物；而只曉得現在的地球可能是人類可以生存和繼續繁殖下去的唯一環境。在第四章中曾提到自然界的平衡是微妙而又脆弱的；在產業革命之後，人類活動對自然界的影響加大又加快。人類活動是否會使得大自然改變？這些改變又是否會使得地球變得不適合於人類生存？環境保護之所以會引起如此大的關注的原因即在於此。

　　本章將先討論區域性的水和全球性的空氣污染和防治，說明已工業化國家和開發中國家在環保問題上的矛盾，最後則是對台灣環保現況的描述。

6.1 水污染及防治

　　水污染所影響的範圍，一般是侷限在一定的區域之內，對污染程度的認定可以分成兩大類：

● 一類是**工業廢水**，所著重的是排放水中的金屬、有機化合物以及固體物的含量。相對的說，工業廢水的量不大，但是危害性

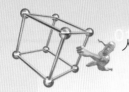

大。

● 另一類是**生活廢水和水源**。判別污染程度一般用化學需氧量
（Chemical Oxygen Demand，簡稱為 COD）和生物化學需氧量
（Biochemical Oxygen Demand，簡稱為 BOD），前者代表水中
所含有化學物質在氧化過程中的需氧量；後者代表水中微生物
在氧化時的需氧量。COD 高表示水中含有的化合物多，BOD 高
則表示水中所含有的微生物多。其他的判別標準包含有：酸鹼
值（pH 值）、大腸桿菌含量，和固體物的含量、混濁度等。生
活廢水的量大，影響日常生活環境。在缺水的地區，生活廢水
要再利用。

防治水污染是分成三類來處理。

第一類是**工業廢水處理**：是要求中、大型的工廠，在廠區內自
行處理所排放的廢水至排放的標準。工廠的類別不同，所需要處理
的有害物質不同，處理方法和過程也不相同。由於污水處理需要投
資和占用土地，設立某一類工業的專業工業區，集中處理同類的污
染物是可以解決小工廠水污染的重要途徑。

第二類是**水源區的保護**：重點是將人類在水源區內的活動減到
最低，並禁止一切開發性的活動。例如：德基水庫因為梨山山坡地
的種植活動，而接受了大量的肥料，這些肥料使得水庫的藻類大量
繁殖而耗光了水中的氧，BOD 大增，魚類等均無法生存，稱之為**優
氧化**。目前已禁止在山坡地上的種植活動。

第三類即是**生活廢水**，即是**家庭排放水**：主要是來自廚房和
浴室。在人口密度低的地方，生活用水是直接排放到地下或河川
之中，河川在流動時會氧化而有自清的功能。但是在人口密集的地
方，例如：城鎮和都市，則因為排放量大而必須要人工處理。不缺

水的地區，生活廢水對環境的影響很大，生活條件好的都市沒有蚊蟲等的問題，因為生活廢水被收集處理了。處理的第一步是將需要處理的、而且流量是可以估算的生活廢水，和沒有污染性、流量大而且變化大的雨水分流。即是雨水流入一般的排水系統，而生活廢水流入衛生下水道，在污水處理廠集中處理後排放。衛生下水道的普及率，是水污染防治的指標，也是都市生活品質的指標。

台北淡水河和高雄愛河今昔的區別，即在於衛生下水道的啟用。

6.2 空氣中的污染物

污染大氣的物質可以分為下列四大項：

⚙ 酸雨

硫在燃燒之轉變為二氧化硫，二氧化硫在空氣中氧化之後轉變為三氧化硫；在和水相遇之後，前者形成亞硫酸，後者形成硫酸，降落在地表面就是酸雨。石油和煤中都含有 1% 至 8% 的硫。石油一般是在煉油廠中脫硫，低硫的汽、煤、柴油中含硫量低於萬分之五，燃料油中含硫量比較高。煤是在燃燒之後，在排放尾氣時脫硫，大的工廠，例如：發電廠可以做到，而小的用戶則無法做到。一個可能的方法是將煤氣化，統一脫硫，然後再分送到小用戶手中。

⚙ 刺激性氣體

主要以氮化合物為主，一氧化氮不具刺激性，但是多氧氮化物（NO_x）則具有生理刺激性和腐蝕性。氮化合物的來源和硫相同，即是在燃燒石油產品和煤時所產生的，其中以石油產品的影響最大。

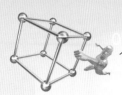
汽車上的催化轉化器（catalytic convenrtor）即是以消除尾氣中的多氧氮化物為目的。

此外大氣中的碳氫化合物，在大氣中不能自然消除，也會具有刺激性和危害性。

破壞臭氧層的化合物

參看第四章，從外太空照射到地球的紫外線，多半在大氣層中被吸收，而鹵素（氟、氯、溴、碘）的碳氫化合物會破壞臭氧。1970 年代，由於工業結構改變，有很多原來定居在美國五大湖四周的居民，遷移到美國南部，然後發現到這批南遷的白種居民患皮膚癌的比例大增，在經過研究之後，得到鹵素的碳氫化合物會破壞臭氧層的結論。在此必須指出，紫外線過多對人體有害的研究，均是以白種人為對象，紫外線對黃種人和黑種人的影響，數據是不足的。

鹵素的碳氫化合物是用來做冷媒、洗潔劑和噴霧劑，大氣中所有鹵素碳氫化合物，均是人為排放，在 6.3 節中有進一步的說明。

溫室效應氣體

地球是以放出紅外線和遠紅外線（波長比紅外線更長）的方式來向外太空釋放熱量，大氣中的二氧化碳和碳氫化合物能吸收紅外線和遠紅外線，或者是說這些氣體將地球表面放出的能保留在大氣層內，然後再輻射回地球；沒有這些可以吸收紅外線和遠紅外線的氣體，地球散熱的速度會比現在快，地球表面的平均溫度會比現在低約攝氏 40 度（參看第四章）；如果這些氣體的濃度增加，地球表面的溫度就會增加。

溫室效應氣體包含兩大類：

● 第一類是**二氧化碳**，最大的來源是人類活動中燃燒石油和煤，每年的排放量約 70 億噸，在第 6.4 和 6.5 節中有進一步的討論。

● 第二類是**碳氫化合物**，每年的排放量約 18 億噸，其中甲烷占 80%。甲烷的主要來源是自然界生物發酵的產物，其他的碳氫化合物則是和人類的活動有關，例如：揮發性的溶劑等。碳氫化合物吸收紅外線的能力強於二氧化碳，目前各國均對溶劑使用加以限制。

從上列敘述中，可以很清楚的了解空氣污染程度是和人類活動成正比的。這些活動增加了人類生活的方便性，有可能同時也正在毀滅人類可以生存的空間。

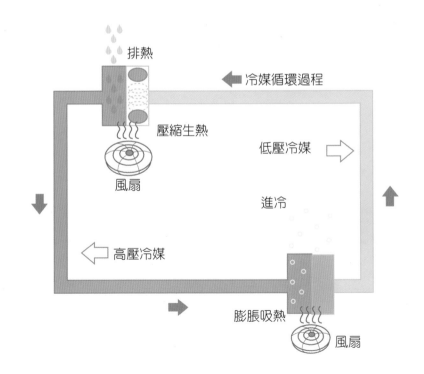

6.3 蒙特利協定

　　西方工業化國家以及其他聯合國的會員國，於 1988 年在加拿大的蒙特利（Montreal）開會決定，開始凍結各國的鹵素碳氫化合物用量，並逐年遞減，在 10 年內基本歸零，是為蒙

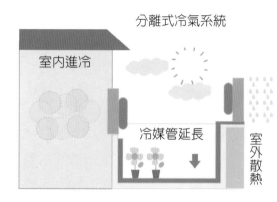

分離式冷氣系統

室內進冷

冷媒管延長

室外散熱

特利協定。如前述，紫外線引起皮膚癌是白種人非常關心的問題，生產鹵素碳氫化合物的公司，80% 以上都是西方公司，產品對公司營運的影響並不是特別大。這個協定的執行基本上是成功的，今日氟化合物仍用於紡織物的防水、防污處理和不沾鍋等，這些都是非揮發性的用途，不在蒙特利協定的規範之內。

　　鹵素碳氫化合物的主要用途包含：

● 空調和冷氣機的冷媒。

● 香水、殺蟲劑、髮膠和香水等的噴霧劑。

● 洗潔劑，主要用於生產電子工業零件的過程中。

　　1980 年代，馬來西亞在發展電子工業，需要用氯碳氫化合物作洗潔劑，對蒙特利協定，馬來西亞的總理公開的表達了下列強烈的意見：

● 鹵素碳氫化合物，是由西方各工業國所發展、生產而且率先大量使用的，這些國家的使用量，遠遠大於其餘的國家，臭氧層

的破壞基本上是由西方國家所造成的。

● 西方國家對環境所造成的破壞，應該由西方國家來解決，而不應由全球所有的國家來負責。更不應該完全不考慮發展中國家，例如：馬來西亞正在發展電子工業的情況，而粗暴的凍結鹵素碳氫化合物的用量。

馬來西亞的態度，凸顯出已工業化國家，和發展中國家在環保議題上的差異性。在後文中有更多的敘述。

6.4 溫室效應和雨林

自從工業革命以來，大氣中二氧化碳的含量由百萬分之二百五十增加到百萬分之三百五十；地球表面上的平均溫度增加了攝氏 1 度。地表面的溫度繼續升高，就會使得南北極的冰溶化，進而使得海面升高，淹沒陸地；同時，地表面溫度升高的幅度，高緯度地區高於低緯度地區，這便會影響到大氣的環流和氣候。動物吸入氧氣，吐出二氧化碳；植物的葉綠素，藉助陽光，將二氧化碳轉化為碳水化合物。這是生物界二氧化碳的循環，現在二氧化碳多了，要多種植物，當然更不能減少現有森林的面積，而現存最大的亞馬遜（Amazon）河流域的雨林（rain forest）當然是全世界所有人擁有的寶物，任何人都不能將之破壞。

植物有水土保育的功能，防止土壤沙漠化的功能，沒有人會懷疑植物對改善和美化環境的貢獻，保護雨林應該是全球無爭議的事。然而事實上，住在巴西雨林區的居民持有完全不同的看法。

地球上原本是充滿著森林的，平原上的森林最早被砍伐作為農地和其他用途。巴西的居民無論是為了要求生存或求發展，都必須

伐林耕地；歐洲和美洲的耕地和葡萄園、高爾夫球場等不也都是如此取得的嗎？為什麼歐、美人早先砍樹是可以的，而巴西人現在伐林就變成了世界公敵？大氣中的二氧化碳過多是歐、美人大量使用化石燃料而導致的傑作，你們闖了禍，過著好日子，憑什麼要我們這些快活不下去的人來擋災？

保護現有森林可以防止水土保持等進一步惡化，但是並不能減少大氣中現有的二氧化碳。在 6.5 節中有進一步的討論。

6.5 京都協定和二氧化碳排放

1997 年在聯合國的框架下，在日本的京都達成了有關管制二氧化碳排放的京都協定，其基本策略是：全球總量控制，個別國家目標另訂。在協定中，將全球國家分為三類：

● 第一類是已工業化國家，他們必須在 2012 年以前，將二氧化碳的排放量減少到比 1990 年少 5% 至 8% 的水準。
● 第二類是在轉型中的國家，例如：東歐，則必須減量，但是沒有一定的減量目標。
● 第三類是開發中國家，例如：中國、印度等，在 2012 年前沒有減量的要求。

京都協定是各國代表所簽訂的草約，必須經過各國政府正式認可後才能生效。協定中有一條但書，必須有總量超過 52% 二氧化碳排放量的國家正式同意，此一協定始能開始生效；其間二氧化碳排放量占世界總量 1/3 的美國拒絕簽字，一直要等到 2004 年 10 月蘇聯同意之後，才湊足了 52%，使得協定能在 2005 年 2 月 16 日正式生效。協定中尚規定：控制排放有成的國家可以將其多出來的配額，

作價轉讓給其他的國家。

各國對京都協定的態度可分為下列三類：

1. 第一類是**日本**和偏重社會主義的**西歐**，它們基本上是依照協定的要求去做。到 2005 年德國已經超額完成了，日本還差一點，計劃向外購買配額。

2. 第二類是資本主義的**美國**，它認為美國的發展不應受到條文框框的制約，但是美國絕不是不重視二氧化碳排放量的增加，所以美國要用它的科技力量來解決二氧化碳過多的問題，它認為下列各方法可以在相當長的時間內控制住二氧化碳排放增加的問題。

   ● 二氧化碳溶於水，海洋應該可以吸收大量的二氧化碳。由於海洋底部的溫度恆低於海洋表面的溫度，故而海水的垂直運動（對流）非常慢，海洋表面上的變化一般只影響到 100 公尺的深度。如果能使海洋的水都能吸收二氧化碳，數千年之間的排放量都可以處理掉。

   ● 目前開採石油和天然氣的技術是無法將所有的油和氣都開採出來的。液態的二氧化碳壓縮為流體再注入廢油和氣井之中，一方面可以得到額外的石油和天然氣，同時也可以將二氧化碳封存其中。估計這種方法，可以處理掉數百年的二氧化碳排放量。這是目前已開始在試作的方法。

   ● 廢棄的煤炭，和含高鹽分的地下，均能吸收和貯存二氧化碳。

   至於要如何收集二氧化碳、費用從哪裡來等細節，則尚在討論階段。

3. 第三類則是**台灣**，由於不是聯合國的會員國，台灣沒有在京都

協定上簽字，似乎不受到協定的制約；但是台灣的貿易對象例如西歐，則是信守協定的國家，它們會不會要求台灣的行為要合乎京都協定的規範，是判斷的問題。在另一面，如果認為台灣是中國的一部分，則在 2012 年之前，台灣沒有二氧化碳排放的限制。在 6.6 和 6.8 節中會討論台灣的情況。

從以上的敘述中，可以理解到：

- 二氧化碳排放量的增加，的確是一個普遍受到關注的問題，地球的氣候確有在改變的跡象。2004 年 12 月，台灣有兩個颱風警報；巴西第一次受到了颶風的侵襲等。

- 經濟發展和能源使用有不可分的關係，能源之中又以石油和煤占的比例最大，每一個國家都有不同的考慮重點，但是要控制的總方向是不變的。只有居於地球首霸地位的美國才能說它可以自行處理，但亦不敢和台灣一樣作出完全不在乎的樣子。

要如何減少二氧化碳的排放量？答案是：**減少能源的使用量。**工業化國家的做法就是使現有工業能夠更有效率的來節能，和不發展耗高能的產業。在第五章中提到過石油有一半是用於車輛的，發展公用交通以減少一人一車的現象是解決問題的必要手段，此即涉及到都市規劃的問題。

歐洲是小車當道，和美國耗油量大的車全然不同，這就顯示歐洲人節能的概念比較強，同時並不認為它們的經濟可以無上限的成長，是以它們對改善生活環境，例如：環保的重視程度，超過了對高經濟成長的關注。每一個國家都應該要用最嚴肅的態度去思考「我們有何德何能，可以維持無上限的經濟成長？」美國著名的經濟學者吉布爾斯（Galbraith, John Kenneth）就表示：政府要做的是提

供優良的教育和基本建設，而不是直接介入經濟和產業的發展，因為天道不可知，經濟和產業的發展有其不可控制的因素，不是政府所能真正控制的；而具有優良教育基礎的國民自會在不同境遇中找到出路。主張用貨幣和財務手段來調整經濟成長的凱因斯（Keynes, John Maynard）學派對此大加撻伐。

人類的農業社會，歷時千年而不變，而後卻發生了兩次巨大的變化，第一次是由遠洋航海所導引的殖民地經濟；第二次是產業革命所引發的資本主義經濟。歐、美在這兩次變化中都是獲利者，前者極大幅度的擴大了歐洲人所能使用的土地和資源；後者使歐、美人在技術、資金和市場取得了絕對的領先優勢（參看第二章）。日本想要走殖民主義的道路而並沒有取得如同歐洲人所獲得的成果，但是繼承了產業革命的成就，而在二次大戰之後成就了經濟。亞洲的四小龍，包括台灣，則步日本的後塵而在經濟上開始有了比較大的發展，今日的中國大陸則是利用其龐大、能吃苦耐勞的人民而成為了世界工廠。日本和亞洲的崛起，表示歐、美的優勢在流失。第三個機會在哪裡？是什麼？這都是目前無法回答的問題。同時，大自然的容忍度和天然資源均有其極限，吉布爾斯的論點並不是完全沒有道理的，西歐各國似乎正在如此做。

6.6 極限

西歐的國家如果已經意識到成長會有極限，那麼在開發中的國家呢？它們的成長有極限嗎？他們的人民有機會過著像歐、美人相同的高品質生活嗎？在本節中將以石油為例，假定歐、美各國對石油的需求量維持目前的水準不變，只就開發中國家繼續成長和世界人口增長兩方面來討論。

2004 年世界石油日用量是 8,300 萬桶，相當於 41 億 7,900 萬噸一年，全世界共 63 億人口，人平均耗用量為每人每年 663 公斤。在前十年內，石油用量的年增長率低於 3%。美、西歐和日本的用量占全世界用量的 55%，這三個地區的人口共約8億，占世界總人口的 13%，人平均年石油用量是 2,873 公斤，其餘 87% 人口的人，年平均石油用量是 342 公斤，是世界人年平均用量的 1/2 強，高於中國在 2004 年的水準（92 公斤）。將中國切割成發展比較快的沿海 3 億人口，和內地發展比較慢的 10 億人口兩塊，前者約用掉中國石油用量的 70%，2004 年中國用掉 2 億 5 千萬噸石油，中國沿海地區和內地的人均年石油用量分別是 583 公斤和 75 公斤。將美、西歐和日本之外的人口分成兩部分：

第一部分包含：

● 台灣、南韓、香港、新加坡和澳洲，共約 1 億人口，年石油用量約為 1 億 7,000 萬噸。

● 中國沿海地區的 3 億人口，石油年用量 1 億 7,500 萬噸。

● 蘇聯、白俄羅斯、烏克蘭、東歐、北歐和波羅的海，人口共約 3 億，石油用量約為每年 3 億 5,000 萬噸。

● 其他國家的主要都市區人口共約 5 億，石油年用量約 5 億噸。

此一部分人口共約 12 億人，年用油量 11 億 9,500 萬噸，人年平均用油量約為 1,000 公斤。中國和蘇聯是產煤大國，每人每年可分攤到 0.8～1.5 噸煤，相當於 600 至 1,100 公斤的石油，故而其總能耗量要比單計算石油高出很多。

第二部分則有43億人口，每年共用石油約 6 億 8 千萬噸，人年平均用油量為 158 公斤。高於中國在1990年左右的石油平均用量（12 億人口，年用量 1 億 5 千萬噸，人年平均用量 115 公斤），或

是目前中國內地的一倍。

綜合本節前段的說明,可以綜合如下:

- ● 高度工業化國家共有 8 億人口,人年平均石油用量 2,873 公斤。
- ● 開發中或中度開發地區有人口約 12 億,人年平均石油用量為 1,000 公斤。
- ● 低度開發地區有人口 43 億,人年平均石油用量為 158 公斤。

假定石油的總用量、用量分佈和人口數字維持 2005 年的水準不變,考慮下列情況:

1. 中國人的年平均石油用量達到了世界平均水準(663 公斤),中國每年即需要增加石油用量(以 2004 年為基礎)6 億 1 千萬噸,總需求量占世界石油供應量的 20.1%。或者是說占人口總數 1/5 的中國所要用的石油也達到了世界平均石油用量(占 1/5)。

2. 中國的人年平均石油用量達到了中度開發地的平均水準(1,000 公斤),中國每年需要增加石油用量 10 億 5 千萬噸,總需要量是現有石油供應量的 31.1%。

3. 中國真的出頭了,它的人年平均石油用量和先進國家相同(2,873 公斤),那麼 13 億人口每年共需石油 37 億 3 千萬噸,相當於現在石油供應量的 89.4%。

中國有能力從世界的石油市場中,將占有率由 2004 年的 6.7% 提高到 20% 或更多嗎?如果做得到,石油的價格會達到什麼水準?如果做不到,中國一定會儘量採用煤來代替石油,更增加二氧化碳的排放量。非常清楚的是:開發中國家完全不可能採用和美國相同的發展模式,它們必須要能更有效的利用能源,以避免能源的供應成為發展的極限;它們可以過著很幸福的日子,但是沒有機會享受和今日歐美各國相同的能源,所以必須找到節能而又快樂生活的方法。

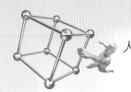
在二次大戰之後，世界的人口總數量是 20 億，1990 年是 50 億，2000 年達到了 60 億，即是說每年是以約 2% 的速度在增加。這代表著每年需要增產可以養活1億多人的糧食，以及增加 1 億多人所需要的能源。如果用低度開發地區和世界平均石油用量來估算，分別是每年 1,600 萬噸和 6,714 萬噸，和開發中國家需求的增加相比較，是少了很多。開發中國家在發展過程中所需要的能源，會是大氣中二氧化碳含量增加的最主要來源。

另一個值得關注的是：低度開發地區 42 億人口在能源爭奪戰中是最弱勢的，他們的未來在哪裡？

6.7　台灣環保現況

本節中將分三部分來討論台灣的環保現況：水污染、空氣污染和節省能源政策。

💿 水污染

污水處理的指標是衛生下水道的普及率，台北市衛生下水道之普及率為 80%（2006 年），是台灣最高的，卻是在亞洲地區主要城市中最低的。和台北市相鄰的台北縣，其普及率就不到 15%。走在水溝旁嗅不到異味、沒有蚊子蒼蠅的，就代表有衛生下水道，否則就是沒有。台灣始終沒有將建設衛生下水道作為主要施政目標，原因可能是：工期長、而又在地下，「看不出」，不可以作為吸引選票的工具。

台灣另一個重要的水污染源是豬養殖業，台灣每年吃掉 800 萬頭豬，每一頭豬的排洩量相當於人的 4 倍，而這些豬都是養在山坡地上。一般處理豬隻的排洩物有兩種方法：一是埋入土中作肥料；

另一種是用發酵方法來分解掉排洩物中的有機化合物，再進一步處理，在發酵的過程中產生沼氣（甲烷），可以用作燃料。基本上台灣是兩者都不作，而是直接排放入河川中。台灣曾每年外銷 700 萬頭豬至日本，那時高屏溪和二仁溪等的水污染，比現在更為嚴重。

日本向外購買在養殖過程中產生大量污染物的豬隻的做法，稱之為「污染輸出」，意思是寧可讓台灣賺錢，將原來發生在日本的污染輸出到台灣。相對的，台灣是為了賺錢而「輸入污染」。污染輸出國一般是有錢的，而污染輸入國則是見錢眼開的窮人。在 6.8 節中會有進一步的討論。

小工廠的污染是台灣另一個嚴重的問題，例如：二仁溪沿岸的小工廠使得二仁溪變成污水排放溪。近十年來，政府對新建設的大樓和工廠，都有一定的污水排放規範。但是對老舊的、地下型工廠則著力不多；政府所設立的工業區中都有污水處理廠，卻都不能真正的處理工業廢水（包括科學工業園區在內）。

〔表 6-1〕是若干和水資源使用相關指標的比較表。

表6-1 水資源使用指標比較

	美國	西歐	日本	台灣	其他說明
(1)用途（%） ・民生 ・工業 ・農業	15 40 45	15 55 30	N.A. N.A. N.A.	15 20 65	N.A.：無資訊
(2)工業用水回收率（%）	30	80	80	25	
(3)人均日民生用水量（公升）	220	110-130	110	240-360	平均用量台北市為360。其他地區為240。
(4)民生用水價格（NT／噸）	15	20-50	40	8-9	台灣自來水不能生飲。其他地區可以。

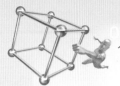
　　從表中可以看出台灣農業用水的比例高，反映出台灣是發展中國家的現況，水費低可能是工業用水回收率低的原因之一。此外，台灣自來水管的漏水率約為 30%，幾乎有 1/3 的水在淨水廠和用戶之間不見了，原因是水管老舊。和衛生下水道相同，台灣在基礎建設上，完全不重視埋在地下看不見的工程。

空氣污染

　　在空氣污染方面，可從**車輛排放**和**工業排放**兩方面來看。

　　將台灣的車輛區分為三類：轎車、機車和商用的卡車和巴士。轎車基本上都是外國的設計，合乎國際的排放標準，問題不大。台灣共有 1,500 萬輛機車，是人民的基本交通工具，其中二行程引擎約占 1/3 強，污染情況嚴重：自 2004 年開始，政府禁止生產二行程引擎機車；政府也曾推行電動機車，成效很小；新的政策是限制每年新機車的量為 30 萬輛。

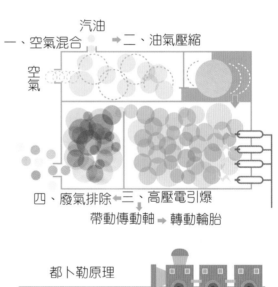

一、空氣混合　汽油　二、油氣壓縮
空氣
四、廢氣排除　三、高壓電引爆
帶動傳動軸　轉動輪胎

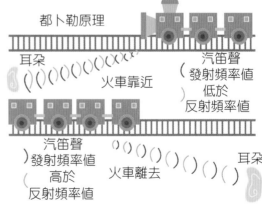

都卜勒原理
耳朵　火車靠近　汽笛聲（發射頻率值低於反射頻率值
汽笛聲）發射頻率值高於反射頻率值　火車離去　耳朵

商用車輛是完全不同的情況，雖然政府訂有排放標準，但是似乎完全看不見執行的公權力。這些車輛的排放是影響日常空氣品質的最大亂源。「配合工業發

展」是台灣政府的中心思想，從用民生電費補貼工業電費，到放棄對商業車輛的管制。發展工業的目的是要人民的生活過得更好，還是更差？頗值思考。

政府對工業空氣污染的管制有進步，在一般人可以感受的範圍中，例如：高雄煉油廠周圍 5 公里內居民所嗅到的味道是減少了。二氧化碳的排放則是完全不同的問題，京都協定要求西歐二氧化碳排放量比 1990 年減少 8%，日本減少 6%，東歐等發展中國內一定要減量；台灣則是自 1990 年至 2004 年共增加 85%，而且是全世界每平方公里排放二氧化碳量最高的地區。

節省能源

台灣的人均能源用量僅次於美國，而且增長很快，自己又沒有能源，那有沒有節能或者是控制二氧化碳排放的政策？這個問題很難回答，如果說沒有，政府隨時可以拿出一疊又一疊的節省能源方案給你看；如果說有，但是又真的看不到政府做了些什麼。石油有一半是用作車輛的燃料，要節能就要減少路上車輛的數目、就要發展公共交通系統。公共交通是要有規劃的，要有不同交通工具的轉運中心，台北市也許略具雛型，其他的都市則是完全沒有。減少路

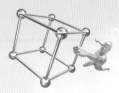

車輪傳動力→ +地面摩擦力
－車身垂直重力 = 車輛移

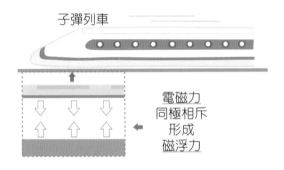

子彈列車

電磁力
同極相斥
形成
磁浮力

上車輛的數量也是要有做法的：在控制二氧化碳排放方面，一方面貼補天然氣和風力發電，同時又大幅度的提高用煤發電的比例，導致每增加 1% 的國民生產毛額所增加二氧化碳排放量，由 1996 年至 1999 年的 0.7%，增加到 2000 年至 2003 年的 2.6%。在 6.8 節中，將進一步討論。

6.8 台灣啊！台灣！你在做什麼？

從 [表 6-1] 中可以看出，台灣農業用水的比例要比工業化國家高出很多，基本上是開發中國家；但是能源的用量，已經超過歐洲，直逼美國；再加上台灣所需要的石油、煤和鈾都要進口，其中石油更面對著印度和中國等國家的爭奪戰。台灣的企業，依賴**核心**

技術（core technology）賺錢的很少，基本上是以代工為主；台灣的經濟是建立在「用進口的技術和資源來代工其他市場所需的產品」之上的；要維持這種型態的經濟，必須要有一流的國民，和可長可久的長期發展目標和策略。在後文中，將本著「歷史是不能忘記的，對曾經發生過的事情，或者可以原諒，但絕對不可以遺忘」來回顧過去三十年間所發生和環保相關的重要事件，和台灣的困境。

1970 年代，漳濱工區業開始發展。依照往例，政府拓寬了彰鹿公路作為對鹿港的回饋；但是鹿港人不同意杜邦（Du Pont）公司在彰濱工業區設置二氧化鈦生產工廠，抗爭的結果是杜邦公司的工廠改設在桃園的觀音工業區，是台灣環保和管理的標竿工廠之一。為什麼一個合乎污染排放標準的工廠可以建在桃園而不能建在鹿港？其中有濃濃的政治味道。這是台灣歷史上第一次因為環保的原因拒絕了新的工業建設，同時在抗爭的過程中，沒有提到用「回饋」來作為交換條件。

1980 年代初，林園的石化工業區發生污染外洩事件，當時的經濟部長是一位曾經參選過總統的美國博士，他主導，並由一位擔任院長的民意代表配合，在未查明污染事件發生的原因之前，要求所有林園工業區的廠家分攤 10 億新台幣，按林園戶籍人口均分。直接的後果是設籍在林園的戶口數在半年中增加了約 10 倍。間接的後果是台灣政府率先建立了將環保和「回饋」掛鉤的首例。中油、台電等由經濟部所主管的企業，立即紛紛撥出預算成立「敦親睦鄰」小組和基金，派遣專人配合地方建設，和鄰里長拉交情、送垃圾桶給居民等工作。真正有良心的環保人士自此開始被污名化，因為在一般人的心目中，環保和「回饋」之間被劃上了等號。

中國在 1978 年宣佈要改革開放，在 1980 年代顯露出一些可以投資的商機，1989 年的六四事件對西方公司產生了立即的阻嚇作

用,是以在 1980 年代末期至 1990 年代初期之間,西方的公司有將
生產基地設在台灣以服務中國市場的想法。德國的拜耳(Bayer)公
司在這種考慮下,申請在台中港區設立化工廠。一位詩人帶頭抗爭
成功,拜耳將工廠改設在美國的德克薩斯(Taxes)州。這個事件的
後果是:

● 國際公司從此不再在台灣作大規模的硬體投資。台灣失去了作
　為生產基地的機會,間接的促進了外資在中國的投資。
● 台灣少了一位稀有的詩人,多了一位已經多得不能再多的政
　客。

　　由於在競選過程中提出了「非核家園」的口號,所以 2000 年要
廢除正在興建之中的第四核能發電廠,在廢除、復建周折之間,帳
面上出現了 480 億新台幣的額外費用,或者說不分大小口,台灣每
人為這個周折付出新台幣 2 仟元。

　　台灣發展石油化學工業是要提供原料給下游的成衣等工業,而
成衣工業也同時帶動了紡織業、染整、相關機械及原料等工業,故
而早期的石化工業對台灣就業的邊際效應很大。在產業外移之後,
台灣的石化工業即改型為「出口」導向,對台灣本地的就業等影
響甚少。要將台灣變成「綠色矽島」的政府,宣佈了「三星五兆」
經濟發展計畫,三星之一的是完全不「綠色」的石油化工和鋼鐵工
業擴充計畫。對於這種把污染留在台灣,乾淨的產品銷到大陸的作
法,台灣歷史上第二位女性經濟部長,有如下擲地有聲的說明,略
調:

　　「這些都是有市場的產品,我們不做別人也會做;別人做時,
對污染的控制,可能還沒有我們做得好。」

將台灣作為污染輸入中心，就是台灣經濟發展的目標？！

在 1990 年，台灣每年二氧化碳的排放量是 1 億 2 千萬噸，這個數量在 2003 年增加到 2 億 2 千萬噸，幾乎增加了一倍。台灣人民 2003 年的生活比 1990 年的生活好了一倍？如果沒有，那麼增加的二氧化碳排放是否都是資本家所為的？2005 年中的第二次能源會議中所提出的數字是在 2025 年，台灣的二氧化碳排放總量會是 5 億多萬噸。別國在減，台灣在大量增加，這真的是為了人民嗎？

總結而言，台灣教育所訓練出來、由人民所選出來的精英分子：

● 沒有做規劃的能力、沒有理念，更沒有道德勇氣。

● 個人眼前的利益掛帥，人民的福祉只是掛在舌頭上「說說而已」。

● 完全不了解民主政治的基礎是「法治」

是以台灣沒有願景，不知道以後的日子要怎麼過。

台灣啊！台灣！你在做什麼？

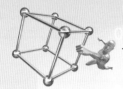

複習與討論

說明下列各名詞：

(A) COD：

(B) BOD：

(C) 生活廢水：

(D) 酸雨：

(E) 刺激性氣體：

(F) 臭氧層：

(G) 溫室效應和溫室效應氣體：

(H) 蒙特利協定：

(I) 京都協定：

(J) 污染輸入和輸出。

詳細回答下列各問題：

(A) 說明您對蒙特利協定和京都協定的看法。

　　您認為這兩個協定對發展程度不同的國家來說是公平的嗎？請說明理由。

(B) 您對台灣水污染的感受如何？該要做哪些事？

(C) 您對台灣空氣污染的感受如何？該要做哪些事？

(D) 您認為台灣可以一直維持成長型的經濟嗎？原因是什麼？

(E) 台灣應該以發展經濟或是改善生活環境為優先？

(F) 承 (D)，如果以發展經濟為優先，節省能源是否也是優先？請說明理由？

(G) 承 (D) 及 (E)，如果以改善生活為優先，台灣要採取：

　　a.什麼樣的經濟發展政策？

　　b.能源政策該是如何？

Chapter 7

奈米材料和奈米技術

從 1990 年代中期開始，「奈米」是社會上流傳甚廣的兩個字，「奈米產品」是廣告上的熱門產品，更有人倡言「奈米經濟」將會成為 21 世紀經濟增長的主力。本章試圖說明奈米的定義、奈米材料受到注意的原因，以及奈米材料和奈米技術發展的現況。

7.1 奈米的定義和現象

奈米（nanometer）是長度單位，是 1 公尺的 10 億分之一，用 nm 表示。在二十年以前，最常用到的小單位是微米（micron，一般用 μm 或 μ 表示），是 1 公尺的百萬分之一。頭髮的直徑約為80微米，或是 8 萬奈米。光學顯微鏡最多可以看到 0.5 微米（500 奈米）大小的物體；小於 500 奈米的物體要用穿透電子顯微鏡（Transparent Electronic Microscope，簡稱 TEM），掃瞄式（Scanning Electronic Microscope，簡稱 SEM），掃瞄隧道（Scanning Tunneling Electronic Microscope，簡稱 STEM）和原子力（Atomic Force Microscope，簡稱 AFM）顯微鏡來觀察。若干物體的大小如下：

原子	0.1nm
分子：	
・一般	0.1～數 nm
・蛋白質，塑膠等大分子	200～500nm
病毒（Virous）	10～40nm，最大可到 200nm
細菌（Bacteria）	200～1,000nm
紅血球	約 500nm
白血球	約 1,200nm
可見光的波長	300～650nm

　　一般將奈米的範圍訂在 100nm 以下，物體的長、寬、高中有任何一項是在 100nm 以下，即是奈米級的材料。病毒的大小一般在 20～40 奈米，而病毒可以穿透人類的組織，例如：皮膚、血管等，是以奈米材料可以穿透人體組織，這是要加以注意的。

　　為什麼奈米材料會引發科學家們的高度注意？下文中將舉兩例子來說明：

　　第一個例子是**二氧化鈦**（TiO_2），一般稱之為鈦白粉。

● 在微米大小（數百至數千 nm），二氧化鈦是白色的標準，是一種填充料（filler），用於塗料油墨等。

● 在 40nm 左右，二氧化鈦能吸收紫外線，可用於美白產品。

● 在 10nm 以下，TiO 呈強烈的催化功能，可以將細菌氧化成水和二氧化碳，或者說具有殺菌的功能。

　　是以同一材料，當粒子小到奈米範圍時，即具有不同的性質和功能；同時，在尺寸小於 100nm 時，在不同的粒子大小範圍具有不同的性質，僅用「奈米級」三字完全不能精確的描述材料的性質。

　　第二個例子是**陶瓷**，無機氧化物在燒結（sintering）之後的產品統稱之為陶瓷（ceramic），有些陶瓷的耐摩擦和耐高溫性質優於鋼鐵，如果能用來作汽車引擎，會比鋼鐵材料更耐用，汽油的利用效率會更高，但是陶瓷材料太脆，故而研究如何能使陶瓷材料的韌性（toughness）增加，變得不脆是重要的課題；在 50nm 以下的陶瓷粉粒是不脆的，原因是 50mn 陶瓷粉的結晶很小；只是將粉聚在一起，再升溫時，結晶變大，韌性就消失了。

　　材料的大小在 100nm 以下時，會呈現出來不同的性質，這就是奈米材料吸引廣泛注意的原因。原因是什麼？

　　同一重量的材料，當粒子的尺寸減少時，其總表面面積增加，或者是說，位處於表面的原子或分子數增加。在固體內部的原子或分子都和周圍的其他原子或分子緊密結合；曝露在表面的，則只有在向固體內部的方向緊密結合，在反方向則空有可以結合的能量而沒有東西可以結合；是以位於表面的原子和分子的行為，不同於內部的原子和分子。材料的粒子愈小，處於表面的原子或分子比例增多，故而呈現出不同的性質。從理論的角度來看，形容固體內部的力學方程式是連續的（continuous），而在表面則是不連續的（discontinuous）而且目前是不確定的；亦即對粒子變小而呈現出不同的特性，目前是不能用現有的物理知識去精確推論的；當然這也是引發科學家們注意的原因。只能相對籠統的說這都是「小尺寸效應」。

　　本節開頭時提到了有可以觀察到 0.1nm 或以下的顯微鏡，配合著這些超高倍率顯微鏡的發展，能在 0.1nm 範圍操作的工具也一併出現。例如：掃瞄型顯微鏡是用探針（probe）來掃瞄表面的，這些探針前端的尺寸也在 0.1nm 左右，否則就掃瞄不到表面在 0.1nm 的性質和變化。利用這些工具，科學家們發現控制原子移動是可以做得

到的,例如:將原子排列成字。這種能操作並控制原子的移動和位置的能力,開啟了無限的想像空間,例如:可以用單一原子來代替半導體的二極體嗎?可以精確的改變 DNA 的結構嗎?在原子大小的範圍中,科學家發現可能性實在很多,未知的因素也多。將傳統的產品進一步微形化,研發具有不同功能的新分子、新產品,就是奈米技術。

在這一股「奈米」風潮之前,是否對在奈米大小的物質完全無知?答案是否定的。沸石(zeolite)是一種多孔的材料,人工合成的沸石其孔徑在 0.3 至 1.8nm 左右,一般稱之為分子篩(molecular sieve),意思是可以依分子的大小來篩分開來;人工合成沸石也用來作為催化劑的載體(support),分散在載體上的催化劑其大小多半在奈米範圍。是以人類在「奈米」風吹起之前,即已使用奈米材料和技術。

7.2 奈米材料

在本節中將依用途說明目前在使用的一些奈米材料,和奈米碳管(nano carbon tube)。

◉ 美白類產品

40nm 的 TiO_2 會吸收紫外線,用於防曬產品和美白產品,一般用多孔的無機物作為載體,將 TiO_2 固定在載體上;而不能直接將奈米 TiO_2 粒混入乳液。其中含有少量粒徑在 10nm 左右具有氧化功能的 TiO_2,用來漂白皮膚。

◉ 殺菌和除臭功能

一價銀，例如：Ag_2O 具有極強的氧化能力，能將細菌氧化為水和二氧化碳，和將有異味的化合物氧化為無味。同時銀對人體是無害的。將分散在載體上的 Ag_2O 和 TiO_2 用於冷氣機和冰箱，也同樣的可以殺菌和除臭。日本的東洋（Toyo）公司則將其用於衛浴用品。

在實驗中的用途是用於污水處理。

◉ 其他

有不少研究工作投入將傳統的填充料，例如：碳酸鈣、碳黑、氧化鋅等，製成粒徑在 100nm 或以下的粒子，測試是否會對塑膠、橡膠和塗料的性質產生和非奈米級填充料不一樣的效果。由於奈米粒子尺寸小於可見光，作為填充料分散在塑膠中是看不出來的，或者說不影響塑膠的透明度；在此之外，具有功能性的填充料的用量可以減少；除了上述兩點之外，尚還找不到特異的效果。

豐田（Toyota）汽車首先在 1993 年用 20 至 60nm 的蒙特土作為尼龍的填充料，用於 Camry 型車的空氣進氣系統，是奈米材料應用的實例。

有些以「奈米」作為號召的產品，其實和奈米材料的關聯不大，例如：保溫纖維，所使用的是 200nm 左右具高吸收和放射遠紅外線的陶瓷粉，這些粉並不呈現奈米效應。

目前最熱門的是由碳原子所組成中空的奈米碳管，奈米碳管的強度比鋼大 100 倍，比重只有鋼的 1/6；依照不同的結構，可以是電阻幾乎為零的理想導電體，也可以呈現半導體的性質，同時可以吸附大量的氫氣。現在有專門研究和製造奈米碳管的科技公司，最大

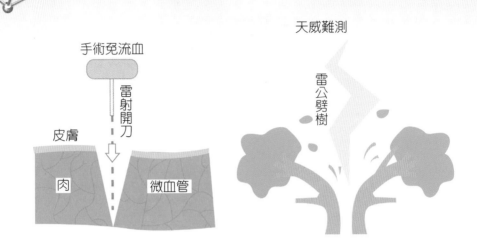

產量約為每天 100 公克，每公克的價格為 100 至 400 美元。

7.3 奈米技術

下面將就化學工業、電子和生物和醫藥三方面來說明奈米技術努力的方向。

在化學工業方面，奈米科技會大幅度的提高催化劑的功能。如前述，化工業早已在使用奈米材料，奈米科技的研究，會對表面和介面現象有更清晰的了解，新一代具有更高選擇性和效率的催化劑，可以使人類更有效的利用資源。

電子產品會進一步微型化，其中大容量記憶體可能是最先應用到商業產品上。完全以奈米技術來建構線路，由於需要用完全不同的生產技術、設備以及人材，在研發完成之後，需要比較長的時間來普及化。

奈米技術使得科學家們能夠複製和建構分子，例如：複製和修改DNA。在成功之後的影響，非常難評估。有一些構想可能在相對

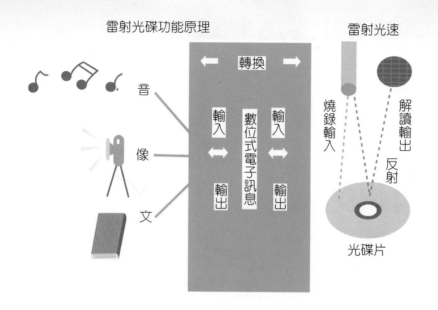

比較短的時期內對人類的醫療有大的貢獻。例如：將有藥效的分子附著在帶有磁性的分子上，在導入人體之後，用磁力將它帶到病灶的部位，然後釋放出有藥效的分子，使有藥效的分子來攻擊病灶；同類的構想可以用來清除血液中的有害物等。同時將偵測器微型化，有助於病因測定。和醫療相關的奈米產品，有可能會在未來五至十年內大量實用化。

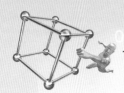

複習和討論

複習：

說明下列各名詞：

(A) 奈米：

(B) 奈米材料：

(C) 奈米技術。

討論：

(A) 在眾多「奈米產品」的廣告中，請舉例說明「奈米」二字是純促銷用的。

(B) 您覺得「奈米經濟」會是個什麼樣的經濟？

(C) 奈米材料和奈米技術會對台灣帶來什麼影響？

天然的、化學的及其他

　　為了環保，或者是為了健康，社會上充滿了「天然風」，只要
是天然的就都是好的、有益的；化學的呢？問號就大了。在本章中
先試圖說明「化學的」是如何來的，以及在今日的不可避免性。再
試圖討論人和自然的關係。

8.1 化學的

　　在 1950 至 1970 年代中期，香港人口中「化學的」意味著用
不久的，很容易破的，中看不中用的用品，這些用品都是用「化
學的」材料來做的；再說白一點，「化學的」等於是「假的」甚至
於是「騙人的」，香港人口中這些「化學的」都是塑膠做的產品。
三十年的歲月流過，塑膠的產量和用量日益增加，「化學的」也慢
慢的成為了稀有名詞。什麼是「化學的」？它又是如何的進入到人
類的生活中？

什麼是化學的

　　將不同的物質放在一起，在原子重新組合之後，得到了和原
來不一樣的物質，這種變化稱之為化學變化，所得的物質就是「化
學的」新產品。用另一種方式來表達，不同的物質有不同的分子結
構，化學變化就是改變分子結構形成另一種新的物質；這種「新」

的物質就是「化學的」。

改變物質的分子結構來得到新的物質是誰最先想出來的？是造物者。食物放久了以後會變酸，事實上是在沒有變酸以前會先變成酒。人類是在模仿自然界的過程來製酒，只要是有人的地方就有不同的酒，用米做出來的米酒、清酒、紹興酒，用高粱做出來的高粱酒、二鍋頭，用麥子或玉米做出來的威士忌，葡萄做出來的紅、白葡萄酒、白蘭地酒，大麥做出來的啤酒等等，所有的酒都含有酒精（乙醇）為共同成分，也含有造成不同風味的微量其他成分。釀酒就是在改變物質的結構，在有酵素存在的情況下，從澱粉變成糖類再變成酒精，微量成分的變化就更複雜而且也不為人類目前所能全然了解。酒是天然物質經過人為的加工所得到的第一種大宗產物；醋也是的。在今天我們稱這一類利用酵母來改變物質結構的方法為「發酵」，這是人類模仿自然的行為。

肥皂是人類利用化學方法得到有用產品的另一個例子。植物的灰燼中含有少量的鹼性物質，偶然的，人類發現用灰洗手洗得比較乾淨，慢慢的試出來動植物的油脂（脂肪酸）和鹼可以發生化學反應而得到肥皂。今日幾乎所有具洗淨功能的肥皂、洗髮精、洗碗精、洗衣粉等等都是類似動植物的脂肪酸和鹼性物質經過化學反應之後所得到的。人類曾經大量捕殺鯨魚，目的是取得鯨魚的油脂來作肥皂，來做照明，以致於鯨魚瀕臨滅種，成了要被保護的動物。今天我們則是用棕櫚油、椰子油和其他的「化學的」材料來做肥皂之類的清潔劑，洗衣粉更全部是「化學的」。肥皂是保持人體清潔衛生免除疾病的重要產品。歐洲 14 世紀在黑死病（鼠疫）大流行之後，降低了肥皂的稅金，使得人民能有能力普遍使用肥皂。

酒精原本就存在，是「天然的」，人類只是將天然的產品，人工加以模仿和發揚光大；肥皂則是人類自行摸索而得到的全新的

「化學的」產品。由於肥皂的需求，人類也開發出生產鹼的方法。

🌀 化學工業的興起

在十九世紀中葉以前，除了肥皂、燒鹼之外只有水泥是「化學的」，其他「化學的」產品甚少。而近代化學工業的興起是和煉鐵有關的。除了黃金我們稱之為貴金屬的元素之外，金屬在自然界都是以氧化的形態存在，要將鐵從氧化鐵中提煉出來，就要將氧化鐵還原為鐵，在還原時要用到碳作為還原劑；氧化鐵還原為鐵、碳氧化為二氧化碳。金屬雖然也是化學反應後所得到的產品，但是由於金屬的強度大，能耐久，一般不冠以「化學的」稱號。

瓦特改造了蒸汽機，提供了大的動力，人類就可以開工廠了；工廠要運進原料、運出產品，就需要火車和輪船來運輸；鐵要用來做機器設備、火車、鐵軌和輪船，需求量大大的增加，煉鐵用炭的需要量，也是大增。煉鐵是一個化學過程，所用的原料是要純的。而煤是天然產物，是植物埋在地下經過「碳化」後的產品，從地下挖出來的煤中含有不少尚未碳化的、我們稱之為有機化合的物質。要將煤轉變成「純」的炭，是將煤加溫把煤中的有機化合物趕出去，剩下乾淨的、燃燒時不會發煙的焦碳拿去煉鐵；煤中含有的有機化合物，統稱之為煤焦油。煤焦油主要的成分是芳香族的有機化合物；之前，這些化合物單獨存在於天然界的量很少，但是煉鐵業愈大，煤焦油也愈多，搞化學的人就有機會，在實驗室中「玩」這些芳香族的有機化合物。1856 年，一位英國化學系的學生，用苯胺為原料，在實驗室中玩出一種紫色的物質，可以作為染料，這是人類第一次合成染料，而且是偶然碰上的，這位學生的名字叫柏金（Perkin, William Henry）。什麼事情會令人拼命去做？能賺大錢的事！在那個時代，能人為的去做出染料就會發大財，賺大錢的；因

為在此之前，染料都是天然的，價錢都很昂貴。

以牛仔褲用的藍色染料為例，這種稱之為 Indigo 的染料是 13 世紀初從印度出口到歐洲的，它的來源是一種樹的樹汁，和棉布的結合力非常好，不容易褪色，是一種非常好的染料。歐洲人想辦法將這種樹移植到美洲，在 1741 年，美國的南卡羅那州（South Carolina）也開始生產；1901 年德國開始人工合成作出「化學的」Indigo 染料，今天這一類的染料都是「化學的」。如果不是化學的，牛仔褲不會如此的流行，因為染料太貴了，一般人是買不起的。德國的大化學公司，例如 Bayer、BASF，瑞士的 Ciba 等公司都成立於 1850～1860 年之間，都是做「化學的」染料和西藥例如阿斯匹靈起家的。第一次做出染料是偶然，在成為工業之後就是有系統的研發，Bayer 公司的創始人 Bayer 先生本人就是柏林大學的著名有機化學教授。「偶然」在近代科技史上是重要的，瑞典工程師諾貝爾（Nobel, A. B.）在 1866 年找到了安全使用硝化甘油的方法，使得黃色炸藥（dynamite）取代黑色炸藥（black powder）成為戰爭，以及開山修路的利器；在此之前，數次他都「玩」得幾乎將自己的命送掉；1896年他在謝世之前將遺產設立諾貝爾獎，每年頒發給對和平、文學和科學有貢獻的人；算是玩「化學的」人的自我反省。

偶然發現的合成染料開啟了化學工業的大門，同時人類也在模仿自然界的藥，阿斯匹靈原先就是植物產品，今天用來治頭痛的就都是「化學的」了。抗生素中的盤尼西靈最初也是偶然發現的，今日抗生素多半是「化學的」。在 1945 年之前，化學工業是以染料、藥品等為主，在日常生活中不太能感受到；真正在日常生活中時時發現其存在的，是在石油化學工業興起之後。

🔵 石油化學工業

　　早在 20 世紀初，人類就開始想模仿一些天然的產品例如橡膠和絲。天然橡膠是從橡膠樹的樹汁中取得的，他可以用來做鞋子、雨衣，更是做輪胎的不二材料。橡膠樹原生長在赤道附近，是熱帶植物，歐、美均不處於熱帶，不生產天然橡膠，但是歐、美也要打仗，打仗就需要車輛，車輛飛機都有輪胎就需要橡膠，所以橡膠是戰略原料中的一種，意思是說是戰爭時不能缺少的東西。那麼重要的、但自己又不生產的東西要怎麼辦？就找「化學的」吧。

　　絲是纖維中最貴的，價格是棉的 30 倍，羊毛的 5 倍，能以「化學的」做出絲來，當然會發大財！

　　所以為了要打仗就要做「化學的」橡膠；為了發財，就要想做「化學的」絲。這兩種東西的分子都非常的長，而且是由小的、結構相同的分子聯在一起的。凡是由小的分子重複聯在一起而形成的鏈狀長的大分子，稱之為聚合物（Polymer），或高分子聚合物，或者是高分子。Mer 的意義是構成高分子的小分子，poly 是多個聚合在一起。從 20 世紀初開始，人類開始努力的想辦法去做「化學的」高分子聚合物。

　　到 1940 年代初，我們做出了具有橡膠性質的合成橡膠，在有系統的研發過程中找到了 Teflon，聚氯乙烯（PVC）、聚苯乙烯（PS）等稱之為塑膠的高分子聚合物，尼龍（Nylon）、壓克力（Acrylic）和聚脂等人造纖維，和偶然發現的聚乙烯（PE）。

　　這些高分子聚合物依照用途粗分為三類：

● 塑膠
● 人造纖維
● 合成橡膠

這些高分子聚合物都不是「天然的」，全部是「化學的」；它們的性質和「天然的」都有差異。原意是要模仿天然絲的尼龍，有亮麗的外觀，中國大陸稱之為「錦綸」，但是感覺上就不是真絲，不過用來做絲襪真的比真絲還要漂亮好用。合成橡膠的綜合性能不如天然橡膠但是也能用；塑膠呢？它是完全不存在於自然界的東西，但是好用得不得了，在後文中要再詳細說明。總而言之，這些「化學的」高分子聚合物都有用途，大財不一會發，但是利潤保證是少不了的，如果要大量生產，這就有原料要從那裡來的問題。

傳統製造染料和藥的化學工業是以從煤中取得的芳香族化合物為原料，煤不是貯藏在密封的空間中，其中所能存下來的是沒有揮發掉的東西，或者是說是分子量比較大、沸點比較高的物質如芳香族化合物。而這些聚合物的原料（單體）的分子量比較小、沸點也低，聚乙烯的原料乙烯的沸點低於零下 100 度，所以這些東西不存在於煤中。石油和天然氣是貯存在密閉的空間中，大分子小分子都有。到了 1970 年代，所有這些「化學的」高分子聚合物的原料，都直接或間接的來自石油和天然氣，於是就有了石油化學工業（Petrochemical Industries）這個名詞，指的就是這種將石油（和天然氣）再加工所生產出來的，不包含汽、煤、柴和燃料油，產品。石油化學工業用掉了 6% 的石油和天然氣，產品的 90% 以上是高分子聚合物。

⬤ 石油化工產品與日長生活

如前述，石油化工產品集中於高分子聚合物產品，這些產品包括有蓄意要模仿天然產品而研發出來的人造纖維和合成橡膠，以及含有偶然因素的塑膠。目前

- 人造纖維的總產量和天然棉、麻、毛、絲總量相當，約為每年 3 千萬噸左右。
- 合成橡膠的年總產量約為天然橡膠的 1.2 倍，每年約 700 萬噸。
- 塑膠在天然界找不到相類似的產品，年產量約 1 億 6 千萬噸。

人類要做「化學的」橡膠和纖維，是仿造已知用途和加工方法的產品。塑膠在「化學的」產品問世之前是全然陌生的東西，既不知道如何加工，也不知道可以用在那裡，為什麼會後來居上，成了用量最大的石油化工產品？

答案之一是它太好用了。

答案之二是它們有一些獨特的性質。

雷達操作的原理是放出電磁波，這些電磁波在碰到物體後會反射回來，這些反射回來的電磁波由天線接受經電線連結到示波器上顯示出反射波的發生點和位置。1938 年發現的聚乙烯和發現得更早的 **Teflon** 是很好的高頻絕緣體，有了高頻絕緣材料，雷達發射和反射電磁波的頻率可以提到很高（波長短），天線也可以變得很小。今日我們都是用聚乙烯來作高頻電磁波的絕緣，例如將訊號由 DVD 機連到電視的訊號線。聚乙烯還有其他的特異性質，例如可以非常容易的吹成很薄的膜，作為袋子等用途，價格便宜又好用！

市面上出售的聚合物，90% 以上的是屬於熱塑（thermoplastic）類。熱塑的意思是加熱之後即可以塑造成型的。說得更清楚一點，就是這些聚合物在室溫時是固態，加熱之後就變成了可以流動的流體，將流體灌到模子中，冷卻後就得到了和模子中空部分形狀相同的產品；或者是將流體從模頭中擠出來後冷卻，即得到管子類的產品。更吸引人的是從固態變成流體所需要的溫度不高，一般低於 350℃；模具所需要承受的力也不大，所以模具的價格也比金屬加工

所需要的低很多。用這種方法做用品快得很，比方說做一支裝啤酒或汽水的籃子只要 30 秒。加工方便又快、成本低，售價當然也低。便宜又合用，能沒有市場嗎？用量能不增加嗎？於是市面上充滿了塑膠製品！我們日常生活中「化學的」東西多得不得了。

日常衣著，純棉或純毛的不多，多半是棉、毛和聚脂纖維混紡的，在天然纖維中加入聚脂之類「化學的」纖維是比較「挺」，同時不一定要燙了以後才能穿。買一輛新車子，車的內部又都全是「化學的」，皮座椅下面也是「化學的」。飛機的內裝也是一樣。

在「化學的」製品如此大規模的介入到日常生活的每一角落之後，避免不了的是對「化學的」東西，有下列這些反感，或者說是疑慮：

- 「化學的」對人體是有害的？
- 「化學的」製品污染了天然的環境！
- 「化學的」材料在生產時會造成污染，危害到人體的健康！

在 8.2.、8.3. 和 8.4. 節中要分項討論前述三項，並在 8.5. 和 8.6. 節中作綜合性的討論。

8.2 化學工廠的污染

化學工廠會不會污染？這些污染對人體是不是有害？

答案是化學工廠多多少少都會排放一些廢棄物，這些廢棄物有可能會造成污染、如果排放量超過了安全標準，就會對人體有害。

為什麼會有污染？有沒有方法可以減少或者根絕這些污染？

污染的來源

工廠是用「化學的」原料，來「化學的」生產一些比原料價值更高的產品。第一個污染的來源就是這些原料在貯存或是運送的時候會「漏」出來。要判斷工廠的管理做的好不好不是一件特別困難的事，它有沒有氣味，有氣味的工廠在管理上面的問題大；聞不到特別味道的工廠基本上是比較健全的。第二個污染的來源是在生產的過程中，產生了一些沒有回收的副產品，這些沒有回收的副產品，隨著氣體、水排放到空氣和水中造成污染，而固態的廢棄物在某些工廠中也不少，要拿去埋在土中或放入大海。

工廠都會產生一些廢棄物，加工廠也會有廢料。

污染防治

原物料會漏出來，是管理上的問題，一個管理得沒有條理而又鬆散的公司，成本會比較高，在今天來說是不容易生存下來的。

在生產過程中所產生的副產品的污染問題就要比較複雜一點。這些副產品為什麼不回收？答案是沒有回收的經濟價值。原因可能是：

● 要回收就要增加投資，多花錢。
● 回收到的產品在市場上的售價低。
● 所以回收是增加成本降低利潤的事。

不回收，那就只有做好廢水和廢氣處理；固態廢棄物就要找好能拋放的地方，這些都是要再花錢增加成本。在生產過程中減少廢棄物產生的投資少，事後廢水廢氣處理的費用更高。不同的是增加生產設備投資出錢的人是老闆，廢水處理的出錢人可能是社會大眾。政

府要做的事是要求廠商一定要做好自己份內該做的事，不要由全民來承擔。

同時，廢水和廢氣的處理有其極限，一般是處理到極微量的污染物時就會有其困難，或者是目前人類的知識沒有辦法去分離或破壞這些物質，或者是費用太高。廢棄物處理的極限是處理為固態，然後就只有埋掉。就有如垃圾焚化爐，垃圾在焚化之後的殘餘物仍是要埋在地下的。焚燒所作的是垃圾減量，可以少埋一點到地下去。

當然，也可以釜底抽薪，發展出不會產生有害副產品的製程，這就是所謂的清潔或綠色（clean 或 green）製程，是當今化工界最重要也最走紅的研發課題。但是 100% 沒有廢棄物的製程是不存在的，能做到的是使危害性減少一些。

一個能存在的製程，必然是在生產成本上具有競爭力的製程。清潔製程的核心是不會產生有害副產品的化學反應途徑，其中可能涉及到不同的原料、化學反應的條件等。綠色製程能否商業化的基本要素是綠色的、清潔的製程是否具有商業上的競爭力。

🔘 污染防治的制約因素及極限

在前一節中提到了完全不排放任何廢棄物的製程，是目前還做不到的事，但是要減少廢棄的量是可以做得到的，成本多半會要增加一些。推動消滅或減少廢棄的推動力是什麼？最終的決定因素又是什麼？

推動消滅或減少廢棄物的環保的基本動力就是人民。人民要求一個更安全的生活環境，就會要求政府去立法，去執行環保政策，去降低污染。

然而是否任何一個有產生污染可能的工廠都應該關掉？或者是

要問經濟發展和環保那一個比較重要？

由於生產工廠不可能完全不產生廢棄物，所以現在全世界所有的國家都制定有污染排放標準，意思就是說只要合乎排放標準就可以做；而不是訂定出那些工業是不允許做的。其間的區別不是很容易弄得清楚。而在台灣環保和經濟發展更遭遇到兩個非專業性的問題。

第一個問題是環保與「回饋」，自從一位競選過總統的經濟部長開了用「回饋」來解決環保問題的先河之後，任何一個比較大的建廠計畫幾乎都會遇到人民的抗爭，口號是環保，目的是「回饋」。如此一來，問題的本質就都弄不清楚了。污染有多嚴重？嚴重到超過了環保標準了嗎？如果污染是不對的事，只要「回饋」夠，不好的事就會變得可以容許了？「夠」的標準又在那裡？

第二個問題是因為有「回饋」，有好處可以拿，玩政治的人就很容易的鼓動環保風潮以取得個人的政治利益。明顯的例子是一位「詩人」發動民眾阻止了一家國際公司在台灣設廠。他自己成功的做了四年縣長。如此做對該縣的居民有好處嗎？好像不見得，因為他競選連任失敗了，對台灣來說，由於抗爭的理由不大能為跨國公司所能理解，自此之後，再也沒有跨國公司到台灣來設立新的生產工廠。「詩人」做了一任四年的縣長，而台灣人民付出的代價是什麼？

台灣對外貿易的總額相當於國民生產總額，是極端依賴外貿的國家。目前外貿中的出超幾乎全部來自於對中國大陸的出口，如果沒有對中國大陸的出超，則台灣將沒有外匯去買：石油、天然氣、小麥、黃豆和玉米，更沒有錢去買蘋果、奇異果或者牛肉；而在對大陸的貿易中，很大部分是石油化工產品和鋼鐵。那麼台灣該不該擴大石油化工和鋼廠工業？擴充會增加二氧化碳的排放，不增加外

匯不夠用了要怎麼辦？

環保最大的制約因素是錢，冬天去過中國大陸北方的人都對煤煙問題印象深刻。台灣在 1965 年以前燒飯是以煤球為主的。問一下阿嬤燒煤球的甘苦。台灣經濟起飛了，家庭用瓦斯取代煤球，是因為台灣富裕了起來。沒有人喜歡燒煤球的味道，但是沒有錢買瓦斯的人也有權利要吃飯，也有權利要在冬天不被凍死。真的要「不環保，毋寧死」？

然而台灣真的已經富得可以變得非常講究環保？

台灣空氣污染大部分來自車輛廢氣排放，轎車的排放合於國際標準，機車在取消二行程引擎之後，都有了改善。商用的卡車巴士呢？政府為什麼不嚴格執行排放標準？沒有說出來的理由是會要增加成本，會增加多少？會真的增加到不能承受的地步嗎？空氣可是每個人都要呼吸的日常必需品阿！

8.3 化學製品的污染

滿地的塑膠袋，還有保麗龍的杯子和碗，看上去既髒亂、在下雨的時候又會堵住排水溝，造成淹水；再進一步說，這些東西不會自然消失，埋在土壤裡會影響到土地吸水，破壞了自然界的生態。這些塑膠製品為什麼到處都是？是人沒有公德心隨手拋棄的。為什麼人會隨手拋棄塑膠袋、碗、吸管？因為這些東西不值錢，用了即拋最方便，難道不成要包包好帶回家去洗乾淨了下次再用？下次買東西時還會再送的。

我們為什麼要用塑膠袋、碗、杯和吸管？因為方便，買一杯豆漿不用塑膠杯裝要用什麼？玻璃？太貴了而且太重，用紙杯？紙杯為什麼不漏水？因為上面塗了一層「化學的」蠟或聚合物，裝豆漿

的紙杯真的比用全塑膠的更環保嗎？

東西用了即丟，是因丟的東西便宜，不值得留下來，問題的根源之一是我們太有錢了，一兩毛錢的東西看不上眼，丟了反而減少要帶的麻煩。所以真正的問題是態度，可以用的東西為什麼要丟？因為我們沒有愛護東西的習慣，不知道惜福。如果從小就有不浪費的習慣，碗中的飯菜都一定要吃乾淨，我們就不會隨意拋棄東西。

塑膠製造的日用品是最常遇見的廢棄物品，但不是量最大的，塑膠膜最大的用途在農業，台灣用來做簡便的溫室種蔬菜，用在草莓田中保持土壤中的水份，和隔離草莓不和地面接觸以免草莓壞掉。在緯度比台灣高的地區，用於農業塑膠膜的量非常大，在土地上覆蓋塑膠膜可以減少水份揮發，提高土壤的溫度，因而使得植物早一點發芽生長，可以使得產期拉長，產量增加，美國是如此做，中國大陸也是如此做。為了增加產量，中國每年用掉了三百萬噸以上的「農膜」，這些膜不太可能全部回收，所造成的污染要比杯、碗等多非常多。這一部分的污染一般人日常看不見，用農膜的人是為了要賺多一點錢才如此做的。農人的生活條件比較差，或許可以同情他們如此做。

葡萄在絕大多數的地區都是每年收成一次，但是在台灣一年四季都吃得到新鮮的葡萄，台灣人為什麼如此有福氣？因為台灣的農藥用量約是世界平均值的 5 倍，這是台灣農業的「技術」之一，也是農藥殘餘問題比較嚴重的原因。

同樣的，用硼砂泡蝦子，用二氧化碳或雙氧水漂白金針菜，目的都是要多賺一點錢。所以化學製品會氾濫的原因有兩個：一個是我們對事物的態度，另一個是為了要多賺錢，在 8.5 節中，進一步對這些現象作綜合的討論。

8.4 「化學的」對人體是有害的

時下的說法是天然的、有機的是好的,「化學的」對人體是有害的。這是一種非常鬆散而又一竿子打翻一條船的說法。天然的成份難道不是由原子所造成的化學物品?天然的和「化學的」區別在那裡?本節中將依次討論:為什麼會有「化學的」東西出現、「化學的」和天然的之間的區別、和「天然的」這個形容詞要如何界定。

為什麼會有「化學的」產品出現?

人類都有好奇心,都有增進生活水準的慾望。什麼叫做增進生活水準?以前用不起的現在能用得起了;以前吃不到的現在吃得到了;以前一家四口擠在十坪大的房間,現在可以住三十坪了;以前要去一次台北都很困難,現在每年都可以出國旅遊了。增進生活水準涉及到兩個因素:

- 第一個因素是比以前有錢了,「購買力」增加了,除了維持日常必要的衣、食、住、行之外,有錢去做其他的事情,或者說將衣、食、住、行的要求拉高一些。
- 第二個因素是物資的供應增加了,而且價格也低到很多人都買得起了。「化學的」產品的出現,就是要打破「天然的」產品在來源上的侷限,和價格的居高不下。在 6.1.3. 節中提到了「化學的」絲和橡膠,在這裡則集中在和飲食有關的化學品上。

香料和辛香料的原產地以南亞近赤道的地方為主,原先是由阿拉伯和波斯人轉手賣到歐洲。中國和西方的早期貿易是絲和瓷器為主,印度及南亞則是以辛香料和香料為主。歐洲尋找到東方海上貿

易途徑的目的是胡椒，新加坡是一個只有百餘年歷史新都市；麻六甲則是具有南歐風情的古城；葡萄牙人先在此落腳以取得印尼的胡椒，最後是荷蘭人直接征服了印尼而取得胡椒的獨占權。所幸胡椒的產地比較多，天然胡椒的來源夠大家吃。

香草（Vanilla）也是生長在南亞地區植物，它的豆和豆莢是香草味的來源。1875 年英國化學師 Tiemann 得到了合成香草的專利，自此，一般人吃到香草口味的冰淇淋、蛋糕等都是「化學的」；一支香草豆莢約要新台幣 100 元，相當於兩、三盒香草冰淇淋的價格。

1907 年，日本的化學師從海帶（昆布）中分離出一種蛋白質「味精」然後發展出用發酵的方法來大量生產，自此之後我們的食物豐富了很多。

阿斯匹靈是治療頭痛用量最大的藥品，它的來源是植物。抗生素的來源是天然的黴菌，現在是用發酵的方法來大量培養、分離出有效成分，再進一步加工成不同的抗生素。

是以「化學的」可以補充「天的」產量不足，使得產品能普及化、也使得人類的生活能更普遍的多樣化。

◉ 「天然的」和「化學的」區別

在有限的情況下，「化學的」可以做出「天然的」產品中的主要成分，但是對於「天然的」產品中的微量成分則是所知極少。

酒的主要成份是酒精，人類可以合成酒精，合成酒精一噸的價格不超過兩萬元新台幣。參一半的水，即是酒精含量 50% 的烈酒，一瓶 760c.c. 的成本絕對不會超過新台幣 100 元；為什麼我們要付出數倍、數十倍以至於數百、千倍的價格去買「陳年」老酒來喝？陳年的酒是將酒放在可以透氣的容器中，繼續慢慢的發酵或是發生微量化學變化後，使酒中含有微量的某些化合物而得到的。這些要陳

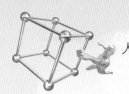

年才能產生的化合物是什麼？我們不知道，當然也無從「化學的」來生產。陳年老酒都是來自老的酒坊，這些酒坊都藏有 60 年以上的老酒，號稱 12 年或 20 年的酒中都添加了不同量的老酒，這些老酒的質量方是影響酒坊產品風味最主要的因素。

茅台酒是儲放在半埋在地中的酒甕中的，甕底有一層細石和砂，是以每次都有酒遺存在甕底從來都掏不盡。茅台酒的風味即是因為甕中永遠有少量老酒的存在而來的。等到需求量變大，不懂酒的將甕底的陳年老酒都掏光了，茅台酒的牌子也就要不保了。醋、醬油和豆瓣醬等也都各具特色，愈陳愈香。

法國人可以告訴你，它們葡萄酒的品種有什麼特色，種葡萄的土地是如何的，而今年的氣候對生長出好的葡萄又是如何的有利等等。這些因素會影響到葡萄中那些成分？這些成分又會對酒的口感產生什麼變化？我們幾乎是全然無知。

人類對「天然的」了解是非常非常有限，就以人體為例，人體可以製造出硬的牙齒和骨骼，不同的流體，光是蛋白質就有 10 萬種以上，這麼多不同物質是如何合成的？是如何決定那一種要生產多少，要送到人體那一個部位？面對著如此多變而似乎又有一定規律的大自然，人類能不謙卑？

是以「天然的」和「化學的」是有差別，差在主成分之外的微量其他物質，或者說是「雜質」；「化學的」所含有的雜質是否對人體有害？那要看是什麼雜質，含量有多少等。

如何界定「天然的」？

只要是生長或存在天然的環境中，在生長的過程中完全不受到人的影響的產物就是「天然的」，對不對？值得要再想一想的是今日完全不受到「人」的影響的產品的種類和數量是非常的少。於是

退一步說，例如有機食品，所要求的是絕不施加「化學的」肥料、除蟲劑所種植出來的食品；或是在生長過程中沒有吃除蟲劑或打荷爾蒙的雞、豬、牛、羊，就可以稱之為「有機」食品了。是以今日我們稱之為「天然的」的意義，就是在培養或生產過程中不使用「化學的」物質的產品，和真正完全沒受到「人」的影響的「天然的」是有差別的。

　　為什麼「有機」食材的價格要比一般食材的價格要貴？這是因為我們相信「有機」的食材比一般食材更有益人體，所以我們願意付比較多的錢去買，但是什麼樣的食材才能稱之為「有機」？「有機」的定義是什麼？我們並沒有一個清楚的界定。這就說明了一個情況：

- 只要是人類有慾望、想擁有的東西、就有商業性、就有市場。
- 一些形容詞，例如「科學的」、「天然的」、以至於「奈米級」和「生技的」等，都在一定的意義上代表可靠或進步的意思，所以都有商業價值。但是對於這些形容詞的真正定義和內涵，又沒有很清楚的概念。
- 一方面有想要事物的慾望，另一方面則並不能嚴格界定所要追求事物是什麼，二者之間的差距就提供了有心人要乘機多賺一點錢的機會。

「精油」（essential oil）是泛指從植物中抽出的油類，包括有單價為六位數以上的玫瑰花抽取物，和 100 元左右一斤的香茅油。「精油」真的是有n種，你用的是那一種？

　　如同在第七章所敘述的，將物質的大小降到 100 奈米以下時，同一材料會呈現出不同的性質，而且不同物質所表現出來性質上的差異也不一樣。在市面上出售的「奈米」產品是什麼產品？有什麼

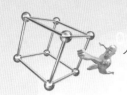
特異功能？

　　「磁場」是會影響原子外層電子的移動。在市面上出售的磁性穿戴器的「磁場」有多強？會影響到人體內的那些物質？影響到什麼程度？是如何影響的？

　　「科學中藥」是否表示就是經由近代科學原理證實了療效的中藥？在實務上，採用近代化學實驗或生產所採用的一些方法，來抽取天然中藥材中的成分，再加以濃縮製成丸、片、膠囊後，即稱之為「科學中藥」。認真一點來說，這是「用合乎科學原理的方法，自天然藥材中抽取、濃縮所得到的中藥」；更苛一點，在抽取和濃縮的過程中，並不保證天然藥材中所含有的主要成分是否能完全不起變化的保存下來；和保證療效全然沒有關係。

　　要很清楚我們要的是什麼，更要弄清楚要買的是什麼。

8.5　人與自然

　　人類的歷史是一部追求安定、追求生活改善過程的記述，從游牧社會到農業社會是追求安定的生活，在產業革命之後是追求生活的改善。為了改善生活，就會多用掉一點「天然的」資源，要住得寬一點，就要多用掉一點土地；要吃得好一點，就要多吃掉一些生物；為了要穿得多采多姿一點就會多用掉一些纖維；為了行得更方便，就要多燒掉一點燃料。「天然的」資源是有其極限的，「化學的」產品在一定的程度上提高了資源的供應，「化學的」肥料和農藥使得農產品的產量提高了三至五倍，今日世界上的糧食在數字上是夠吃的，要歸功於「化學的」產品。

　　如果地球原本是平衡的，那麼從人類伐木造田的時代開始，就在破壞地球原有的平衡，就在改變自然，這個破壞的過程自有人類

出現以來就沒有停止過；只是在產業革命之後，尤其是在 20 世紀中二次世界大戰終結之後，變得更加快速，快速到人類自身可以感覺到大地母親也開始應變了。例如因為燃料的用量增加而導致空氣中二氧化碳增加，使得地球表面的溫度增加，南北極冰層溶化使得海水上升淹沒了 5% 到 10% 的土地，氣候變化到使雨水失調，人類還能承受多少這類的變化？我們討論自然界的失去平衡，真正擔心的是人類的存亡。

要防止或減緩地球表面上的變化，至今能想到的唯一方法，是減少消耗自然界的資源。要如此做，就要人類減緩追求生活上的改善的速度，我們要省一點，少浪費食物、衣服要穿到破、沒事不要出門開車逛街旅遊。法律不可能規範一定要如此做，關鍵在於人類自身的價值觀，一方面，至少台灣的教育過程中，沒有包含嚴肅的價值觀訓練；相反的，我們的社會制度是鼓勵多消費的資本主義。

施政成績中最主要的一項是國民生產毛額（GNP）的年增率，這個增長率代表每一位國民勞動一年所生產產品的價值；每一家公司行號都要報告營業額的成長率，否則股價就要下跌；營業額的成長代表銷售量增加了，或是產品的單價上漲了。我們的經濟是建築在消費和收入都必需要繼續不斷成長的基礎上。收入不能增加，消費就會下降，成長率甚至會變成負數，這就叫做不景氣，是人民和政府都不可承受之重。理智告訴我們要省，現實卻要我們多消費，我們的政府、產業和銀行都在鼓勵消費。現在沒有錢，銀行會想辦法讓你把現在還沒有到手、但將來可能賺到的錢，都快快的現在用掉；記得「借錢是一種高尚的行為」那句廣告詞嗎？他故意的忘記說：「但是還錢是很痛苦的行為」，為的是要你先「高尚的」花錢。百貨公司促銷、電視上對「名人」食、衣、住、行的報導，都是要「有志者皆應如是」的去花錢，去多消耗資源。資本主義就是

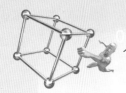

要鼓勵多花錢、多消費。

不只是台灣如此，全世界所有的國家，除了北韓、古巴之外，都是如此，美國這個資本主義的龍頭當然不例外，幾乎每個人在走出學校踏入社會的時候都欠了債。在資本主義橫行的時代，要如何去提倡不追求物質享受？這是第一個死結。

再者，我們並沒有很努力的要去改變現在的經濟結構。例如我們很清楚的知道核能不排放二氧化碳，核燃料的利用價值高，從自然界取得核燃料對地球所造成的影響要比抽取石油、天然氣和煤的影響小很多。核能是有安全上的疑慮，但是人類有沒有非常認真的去研究比較安全的核能？核能如果真的取代了石化燃料而成為人類主要的能源，產油國、石油貿易商和煉油的石油公司即將成為最大的受害者；只要石油和天然氣仍然是最主要的能源，任何供應或價格上的變化，都在原來吃石油飯的人的控制之中，肥水是不會外流的。改變為核能後呢？可能是另外的一個局面。在任何一種情況下，都有既得利益者，這些既得利益者就會反抗改變。

在資本主義的社會中，賺錢是有理而又高尚的行為。必需要指出社會上的消費者和產品供應者的資訊是極端的不對稱。買房子的人對房屋產品和市場的了解是遠遠不及建商的。建商的利潤有多少是來自於購屋者的無知？消費者保護自己權益的第一步，就是弄清楚自己要的是什麼，買的東西真的是我們所要的嗎？

在資本主義的社會上，減少資源的消耗，是不切實際的空話。

8.6 人與人

在一定的時空，人類所能取得的總資源是一定的，如果有人多用一點，必有人只能少用一點。在歷史上，希臘和羅馬的文明都是

建築在奴隸制度之上的；自 17 世紀開始的殖民主義是壓榨殖民地以
供養宗主國，資源的分配仍是不平等的。到了 21 世紀，是不是每一
個國家，每一個人都有機會享受到相同的資源？

　　很少有國家能完全自給自足，而必需要從其他的國家互通有
無，即是要從事貿易，要貿易就一定要有東西可以賣給其他的人，
能賣的東西有那些？

● 參看第二章，有天然資源例如礦產包括石油的國家可以出賣資
　源，例如中東國家賣石油、澳洲賣鐵礦、美國賣黃豆、玉米、
　小麥等我們稱之為第一產業的產品。

　由於第一產業的產品多半是祖先遺留下來約土地中所蘊藏的東
　西，真的是賣一點就少一點，是標準的出賣祖產，而且別人買
　去了再加工可以賣到更好的價錢，於是很多以出賣第一產業產
　品的國家就自己進行再一步的加工成為第二產業的產品，例如
　中東發展石油化學工業、印尼將原木加工為三夾板、芬蘭再進
　一步將原木做成家具（Ikea）等。

● 生產出來的產品具有價格或是品質上的優勢，在世界上具有競
　爭力，競爭力包含有：

　1. 原創性，即是具有獨門絕活，只有我會做的產品。這是西方
　　　歐美各國目前最大的優勢。並且立法保障原創性。

　2. 勞工的技術夠得上水準，但是能接受比較低的工資，並且能
　　　配合比較嚴苛的管理，是以生產成本低、具有競爭力。這就
　　　是中國大陸目前的情況。

　　在這一類中，知識，或者是人民受到教育的水準，扮演著最重
要的角色。上智者搞原創性，例如研 Intel 和 Microsoft，中智者搞生
產，例如台灣和中國大陸。下智者呢？連祖產也沒有的下智者呢？他

們是處於世界經濟體系邊緣的一群！資源是要用「錢」去買的，錢是從產品貿易而來，沒有東西可以賣就沒有錢，沒有錢當然沒有資源。

今日的世界上，約有 12.2 億的人是在上、中智的範疇之中，其他的 50 餘億是處於邊緣地帶的人，沒有什麼東西可以和別人買賣，所能獲得的資源有限，只能過苦日子。

是以在奴隸制度之後、殖民主義之後，世界上資源分配仍是不均勻的，知識高的人、地區所獲得的資源就是要多很多，知識貧乏的地區就只能苟存了。普及教育是「脫貧」的主要途徑，也是唯一的途徑。

今日世界上資源分配的情形如何？

先以糧食為例，目前世界糧食的總產量約為 23 至 25 億噸，每個人每年能平均分配到約 360 公斤，或者每天一公斤的糧食。台灣人今日每年平均米銷耗量不到五十公斤，每天一公斤是太多了，吃不完，世界上不應該會有糧食不足的問題。在不是很久以前，台灣的男生每頓至少要吃三碗飯，年平均米消耗量幾乎達到了 200 公斤，吃飯的量減少是因為副食多了，包拓用糧食飼養出來的豬、牛、羊、雞肉。飯是少吃了，總糧食耗用量反而是增加了。今日有 3/4 的糧食是被十二、三億人直或間接的消耗掉了，所以就會有人吃不飽！

美國人頗以他們的美式生活方式（American Way of life）為傲，要向全球推廣他們的生活方式。美國的生活方式，很大一部分是建築在以 5% 的人口用掉了 25% 的能源之上的，參看第四章，沒有一個國家有可能會向這種美式生活看齊的。

WTO 基本上是開放全世界的自由貿易，或者是說要全世界每一個人都要面對競爭，競爭的項目是每一個人的智識、智慧和拼鬥的能力；這是人與人之間赤裸裸的競爭；每一年還有新出生的一億人投入。要如何教育我們的下一代來面對這場事關生死存亡的競爭？

複習與討論

討論：

1. 請討論：

   (A) 生活條件改善和使用天然資源之間的關係。

   (B) 這種關係合理？合乎於永續生存的要求嗎？

   (C) 您認為人與自然應該如何共存？

2. 您日常生活中，那些事務是：

   (A) 「化學的」製品。

   (B) 和「化學的」製品相關的。

   (C) 如果沒有了 (A) 和 (B) 類的產品，您的生活會有那些改變？

   (D) 您覺得您的生活中，那些「化學的」是絕對不可忍受的。

3. 在 WTO 的建構下全世界都需要面對競爭，您覺得：

   (A) 什麼是全球競爭力的基礎？

   (B) 台灣具備這個基礎嗎？

   如果沒有，要如何培養？

   如果有，要如何加強？

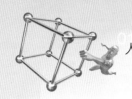

國家圖書館出版品預行編目資料

人文科技與生活＝Science, technology and
society lifg／徐武軍編著. －－二版.－－
臺北市：五南，2007[民96]
　面；　公分
　ISBN 978-957-11-4773-4（平裝）
1.科技社會學
440.015　　　　　　　　　　96009240

5A54

人文科技與生活
Science Technology and Society Life

作　　　者 ─ 徐武軍

發 行 人 ─ 楊榮川

總 編 輯 ─ 王翠華

主　　　編 ─ 王者香

文字編輯 ─ 施榮華

責任編輯 ─ 蔡曉雯

封面設計 ─ 鄭依依

出 版 者 ─ 五南圖書出版股份有限公司

地　　　址：106台北市大安區和平東路二段339號4樓

電　　　話：(02)2705-5066　　傳　　真：(02)2706-6100

網　　　址：http://www.wunan.com.tw

電子郵件：wunan@wunan.com.tw

劃撥帳號：01068953

戶　　　名：五南圖書出版股份有限公司

法律顧問　林勝安律師事務所　林勝安律師

出版日期　2005年3月初版一刷
　　　　　2007年6月二版一刷
　　　　　2015年8月二版二刷

定　　　價　新臺幣280元